柯尼斯卷毛猫 美国短毛猫

CORNISH REX & AMERICAN SHORTHAIR

李 琼 编著

中 国 林 业 出 版 社

图书在版编目（CIP）数据

柯尼斯卷毛猫·美国短毛猫/李琼编著.—北京：中国林业出版社，2008.5
ISBN 978-7-5038-5224-4
I. 柯… II. 李… III. 猫—驯养 IV.S829.3

中国版本图书馆CIP数据核字（2008）第062283号

策划单位：北京宏昊文化发展有限公司
中国林业出版社

编 著：李 琼
摄 影：小 白（QQ摄影工作室） 支 媛
何 超（科莫多摄影工作室）
美术总监：老 周
平面设计：唐 杰
责任编辑：何增明
中国林业出版社·环境景观与园林园艺图书出版中心

出版：中国林业出版社（100009 北京西城区德内大街刘海胡同7号）
网址：www.cfph.com.cn
E-mail: cfphz@public.bta.net.cn 电话：（010）66187584
发行：新华书店北京发行所
印刷：北京印刷集团有限责任公司印刷二厂
版次：2008年8月第1版
印次：2008年8月第1次
开本：880mm×1230mm 1/32
印张：4
字数：160千字
定价：26元

前言

柯尼斯卷毛猫和美国短毛猫不但拥有温顺而美丽的共性，以及神秘的气质，还拥有着迷人的个性。

柯尼斯卷毛猫
Cornish Rex

柯尼斯卷毛猫是一个身披"天鹅绒"的灰姑娘。虽然一开始它们并没有得到认可，但是，最终，它们还是凭借着温柔的个性与不可多得的社交态度得到了全世界人们的喜爱，如今，它们已经是光彩照人的王后了。

美国短毛猫
American Shorthair

美国短毛猫的祖先是大航海时代的小英雄，现在它们也是主人家中的全能猫咪，几乎没有爱猫人能够拒绝这样一只活泼、温和、美丽并且极端聪明的小猫。

当然，这两种极具特色的可爱猫咪也有着它们自己的生活习惯和脾气秉性，而这本书正好能帮助你更好地了解和饲养它们，能让你有猫的日子更加惬意。因此，我们希望，不管你是已经饲养了这两种猫咪，还是准备接猫咪回家，或者仅仅单纯地喜欢它们，翻开这本书，都能找到你想了解的东西。

Contents
目录

ARMARKAT

Cat Impression

柯尼斯卷毛猫原本只是农场里的灰姑娘，美国短毛猫则曾经是出色的水手，而如今，它们都成了真正的明星。因此，无论你选择谁，它们都会陪伴你度过一段独一无二的人生，而我们要做的第一步，就是开始了解它们。

1 名猫档案

柯尼斯卷毛猫
Cornish Rex

中文名：柯尼斯卷毛猫
英文名：Cornish Rex
原产地：英格兰
寿命：10~13年
性格特质：毛发卷曲，不掉毛，无体臭，性情温和

关于柯尼斯卷毛猫的故事

农场里的灰姑娘

1950年7月21日的英格兰康沃尔郡(Cornwall)博德明摩尔（Bodmin Moor），一只普通的红白花猫刚刚在农场里生下一窝小猫，温润的小家伙们在柔软的稻草上挤做一堆。

然而，农场的主人还是发现了问题，其中一只红色虎斑小公猫具有从未出现过的怪异模样。与它的兄弟姐妹不同的是，它被较少的卷曲被毛紧紧地包裹。更令农场主不安的是，当小家伙长大后，这些微卷的皮毛不但没有消失，反而更加醒目。

要知道，在英国国内，人们见到的猫通常是有着沉重身体的健壮模样。但是这只小红公猫却具有细长的身材和柔软的尾巴，狭长的头部和巨大的耳朵，这让它看上去更像是从埃及法老墓地中跑出来的猫神——巴瑟特的灵魂。当然，更令人不可思议的是，它紧身的卷毛像天鹅绒一样光滑，波浪般铺满身体，就连短短的胡须也是卷曲的。

幸运的俄狄浦斯

在这只小猫身上所发生的一切，让它的主人Ennismore夫人认定，它是个不正常、有缺陷的宠物，并带它去她的兽医处做去势(绝育)手术。幸运的是，明智的兽医认出这只小猫是基因突变的结果，并劝说它的主人来培育一个新品种。

于是，在遗传学者A.C. Jude的帮助下，这只卷毛小公猫（Kallibunker）娶了它的母亲，并生出了许多卷毛小猫。同时，这个新品种参考了家兔中发生的同样突变，有了自己的名字——柯尼斯卷毛猫（Cornish Rex）。

然而，仿佛受了诅咒的俄狄浦斯（希

腊神话中注定杀父娶母的悲剧人物）一般，命运开始捉弄起柯尼斯卷毛猫。在实验性的繁育中，生出的小猫许多并没有卷毛，培育卷毛猫的道路并不顺利。

更令人沮丧的是，培育一个新品种不但十分费时，且代价高昂。几次失败过后，那只小公猫Kallibunker的主人决定，不再提供资金进行看起来毫无意义的繁育计划，并草率地将Kallibunker和它的母亲进行了安乐死。柯尼斯卷毛猫似乎走入了末路。

幸运的是，命运并没严厉到断了柯尼斯的所有后路，也并不是每个柯尼斯的繁育者都像Kallibunker的主人那样缺乏耐心。一只Kallibunker的后代，叫La Morna Cove的小猫，被出口到了美国继续繁育。在英格兰，幸存的柯尼斯品种则是来源于另外两只Kallibunker的后代。

舞台上的女王

善于制造明星的美国显然很适合柯尼斯卷毛猫这样的“灰姑娘”，这里的人们喜欢那些与众不同的家伙。而柯尼斯的出现很快引起了美国公众的兴趣。

接下来，美国的各大猫展不但接受了这个怪异的新品种参加比赛，并给了这个灰姑娘一个没有时间限制的舞台。于是，1968年到1969年的整个赛季，一只黑色的柯尼斯母猫Rodell's Ravenesque成为了总冠军，并成为当时美国得分最高的短毛母猫。从此，“灰姑娘”的“女王”生涯才刚刚开始，虽然它们一出生就已披上王袍。

柯尼斯卷毛猫的模样

起源地：英国

体重：2~4千克。

体型：中小型。

整体描述：柯尼斯卷毛猫最明显的特征，莫过于其状似洗衣板般卷曲的皮毛，极短的毛紧贴于身体，但又出奇地柔软，那种感觉可媲美羔羊，兔毛及丝绸。此外，其独特的头型及身材，亦是柯尼斯卷毛猫的特征。大大的耳朵位于呈蛋形而细的头部，高高的颧骨，面颊凹陷，鼻梁高且直，及强而有力的下巴。虽然品种属中小型，但凭借其发展良好的臀部及腿部，就能做出快速起步、停止、迅速转向及跳高等动作。一般来说，雄性的身型较雌性大。一身柔软卷曲的毛发和活泼的个性是柯尼斯卷毛猫的独有特质。它们身体线条微弯，且生性聪明机警，它们颜色各异，体形相对来说富异国风情或东方格调。

头型：头部细小，呈楔形，头部的长度比阔度多三分一，颊骨高，面颊轮廓分明。

耳朵：又大又尖，大耳朵竖在头部偏高的位置，予人机警的感觉。

眼睛：呈椭圆形，间距宽，且稍微向上。颜色应清晰，与毛色互相协调。

鼻子：鹰勾鼻，是头部三分之一的长度。

下巴：结实，发育佳。

四肢：四肢修长，大腿肌肉结实细长。

足掌：脚爪小，为椭圆形。

尾巴：尾巴修长，逐渐尖细，充满弹性。

被毛：被毛特别，短密，且异常柔软，触感似丝，卷曲纤细而且有光泽，没有外层初级护毛，其余的二级护毛和下层毛呈波浪形。

毛色：颜色及图案方面，有纯色、银影、烟色、斑纹、双色及重点色等等。

柯尼斯卷毛猫的卷毛

TIPS 关于这天鹅绒般的被毛，科学家们找到了科学的解释。通常猫的被毛由3种毛发组成：长而粗的护毛，起到保护罩的作用；较细但厚实的芒毛相当于头发；极细的绒毛，相当于胎毛。柯尼斯猫的被毛全由胎毛组成，没有其他两种形式的毛发，这可以解释为什么它的毛如此细软，并能够产生自然的弯曲。

柯尼斯卷毛猫的性格

猫咪中的舞蹈高手

像真正的“灰姑娘”一样，柯尼斯同样喜爱舞蹈，你很少能见到会跳舞的猫，而柯尼斯正是其中的舞蹈高手，只要你愿意，它们愿意每天为你演出。

它们轻盈的身材，令它们能够跳跃，并用后腿站起来舞蹈。这些天生的舞台专家，它们知道选择人们最有兴趣的或古怪的姿态来吸引你。有时候，它们使用爪子像是在使用手一样，柯尼斯可以拿起小物品，有些会转动门把手来开门。它们永远能带给你最不可思议的经历。

当然，这个灰姑娘也喜爱热闹的舞台。柯尼斯卷毛猫是少数几种在猫展中非常兴奋的猫之一。当其他猫只被来看展览的人群和噪音所惊吓或骚扰时，柯尼斯猫却能高兴地向外观察着，找到机会展示自己。这就是为什么柯尼斯卷毛猫总能在猫展上拿到好成绩的原因之一。

活泼的全天候猫咪

虽然柯尼斯卷毛猫有着神秘而端庄的外表，但它的性格中并不包括冷漠、孤立和高傲。如果人们想拥有一只活泼的猫咪，那么柯尼斯卷毛猫绝对是非常好的选择。

尽管有着秀美的外表，但相对于一种中小型的猫来说，柯尼斯卷毛猫有着极其强壮的身体和强健的肌肉。柯尼斯卷毛猫可以飞快地启动和急停，敏捷地转身和高高地跃起。活跃的猫咪喜爱运动，让它自娱自乐一点也不困难，但许多品种的猫一旦成年就不会再像小猫一样玩耍了，可是柯尼斯卷毛猫却从不会丧失对游戏的兴趣。不管多大，它永远都会对你挥舞的逗猫棒产生兴趣。

当然，世界上还有很多灰姑娘，她们披着与众不同的王袍，自己确浑然不知。也许她们是在等待柯尼斯卷毛猫出现的那一天，舞会就要开始了……

TIPS 20世纪60年代，美国著名的生活杂志《life》上刊登了柯尼斯卷毛猫的正版照片后，几乎每个美国人都在谈论这只有着贴身卷毛和卷曲胡须的漂亮小猫。因此，这本杂志成了第一个介绍此猫种的媒体。

美国短毛猫
American Shorthair

中文名：美国短毛猫
英文名：American Shorthair
原产地：美国
寿命：10~13年
性格特质：性格开朗，活跃，适合家居饲养

关于美国短毛猫的故事

“五月花”上的猫水手

美国短毛猫的祖先可以说是大航海时代的小英雄，它们跟随着自己的主人跨越大西洋，从遥远的欧洲到当时还是新大陆的美洲定居。其中，最著名的一群“猫移民”就是“五月花”号上的一批“小水手们”。

在1620年9月，102名清教徒和他们的领袖布雷德福为了躲避宗教迫害，登上了一条叫五月花号的木质帆船。这并不是一趟走运的旅行，他们的船很小，而且还选择了一年中最糟糕的季节出发。带猫出海是水手们的惯例，猫儿们不但能捕捉老鼠、保护珍贵的粮食，据说还能给海员们带来好运。

可能真的托船上的各位猫海员们的福气，66天后，他们平安到达了今天北美洲的普利茅斯港口。这些新移民们制造了一个新的节日——感恩节，而五月花号上的另一批猫移民则被看作是现在的美国短毛猫的祖先。很多人相信，适应能力极强的美国短毛猫是这些勇敢的猫咪海员和美洲当地的猫儿通婚的结果。

纯正的“美国制造”

1966年以前，美国短毛猫的注册名称先后为“短毛猫”和“短毛家猫”。当时，“美国短毛猫”和“美国”的关系仿佛没有那么密切。当时，由于有一些外国的猫品种被介绍到美国，美国短毛猫的土生血统便开始被削弱。那些与长毛猫及暹罗猫交配后所得的小猫，有着多种不同长度的被毛、身形、颜色及性情。而那些钟情于土生美国短毛猫的人们，开始担心这种本土猫的纯粹性，他们开始选择性地繁殖以保留美国本土短毛猫的特征，早期的繁殖者成功地获得完美的斑纹、颜色，亦保留了强壮的形态、美丽的面孔及可爱的性格。

因此，到了1966年，美国CFA选择了这可爱的品种成为其首五个被确认的品种之一，并为了更有力代表这种“All American Cat”，把这种可爱的短毛小猫易名为“美国短毛猫”代表这在北美洲土生的品种有别于一般在街上随处可见的短毛猫。而这个新的名字亦停止了人们对美国短毛猫及其它短毛猫的混淆。

最早注册的美国短毛猫Belle

1906年，据说有个英国猫的爱好者，送了一只可爱的小猫给他在美国的好朋友，这是一只有血统的红色虎斑短毛公猫。这位美国朋友，同样也是爱猫成痴的人，他把这只美丽的小猫拿去跟这些美国的短毛猫品种繁育，并在CFA(美国爱猫协会)中登记。它所登记血统书的名字叫做贝儿Belle，因此，它成了第一只在美国注册的短毛猫。

CFA(Cat Fancier’s Association)美国短毛猫评分标准：

CFA评分标准，针对美短的颜色、体态、头、身体、四肢、尾巴等评分

头部:30(包括眼睛的形状和大小，耳朵的形状及鼻的结构和位置)

身体:30(包括形状，大小，骨骼及尾巴长度)

毛色:20（斑纹=10分颜色=10分）

被毛:15　眼睛:5

银虎斑美国短毛猫

目前，在美国短毛猫中，最出风头的，要算银虎斑美国短毛猫。它们是广告商和电影制作人的宠儿，你总能在银幕和杂志上看到这些眉目清晰的小家伙。除了成为明星外，这个小家伙们在家里的表现也绝对出色，因此，银虎斑美国短毛猫还在全世界最喜爱的宠物猫中排名前10位。

美国短毛猫的模样

整体形貌：是一种真正的工作品种的猫，它的整体结构非常适和工作，并没有解剖上夸大的养育缺点。一般来说它应该身体强壮，平衡良好，身体结实且比例匀称，具有良好的忍耐力和敏捷度。

起源地：美国

体重：4～7.5千克。

体型：属于中型。雄性体型比雌性略大。

头型：脸颊宽阔，使得头看起来相当圆润。外形轮廓呈现出连贯的凹形弧线。脸型不大，眼距宽。从各角度看嘴鼻的外观都似方形，但不像波斯猫那样缩短。下额发育良好，与上唇形成直角线。且流露出可爱和坦率的表情，额头部位呈“M”字花样。

颈部：中长，表现出力度，且与身长成比例。

眼睛：张开时为圆形，以显出鼻子的宽度。

鼻子：中等长度，长度与宽度相同，从侧面看，鼻梁至额头线条微凸。

耳朵：中等大小，相距很宽，尖部圆润，根部宽阔，耳朵在头上间距与两侧间距相同。

身体：一般为中到大型。深长略微大于肩膀上部到足底部的高度，也略大于胸腔到臀部的长度，母猫一般比公猫小，

且不显虚弱和娇嫩，其身体应轻便且强壮，显现适合的深度和胸腔的圆润。下腹部圆润厚实，但并不是肥胖的表现。

腿/脚：结实，与身体成比例。圆胖。五趾在前，四趾在后。

尾：长度应与身长成比例，根据毛发厚度，渐细至尾尖，几乎与背部持平。

被毛：短而又光泽，覆盖全身，排列甚为紧密。外表之地均匀，形成自然的保护层。

颜色/图案：美国短毛猫的颜色有80多种。常见的颜色一般有银色虎斑、棕色虎斑、和纯色的美国短毛猫。常见的斑纹有标准虎斑，斑块虎斑、鱼骨刺虎斑和豹点虎斑。

美国短毛猫的性格

调皮的运动健将

也许是继承了父辈们在货船上捕捉老鼠的技能，美国短毛猫的运动天分在它们刚刚出生的时候就显现出来了。这些没睁眼的小家伙们就会把它们妈妈的肚皮当做游乐场，你会发现它们就连吃奶的时候也喜欢不断变换位置来活动活动。因此，你很少看到幼年期的美国短毛猫能安安静静地坐着。

这些运动天赋会随着它们年龄的增大而稍稍收敛一些，但是，你永远无法要求一只美国短毛猫整天都坐着不动，因此，经常陪他们一起玩耍，是和它们培养感情最好的方式。当然，它们也非常懂事，从不会大声叫喊着要你放下手中的活计，有要求的时候，这些聪明的小家伙只会乖巧地坐在最爱的玩具旁边，睁大眼睛望着你。

定制的全能猫咪

对一个爱猫人来说，美国短毛猫简直是全能的，它们拥有一只猫儿应该拥有的一切品质，它们时而娇憨、时而顽皮、时而安静独立、时而柔肠百转，这些极端聪明的小家伙，它们永远知道你想表达的意思，并且完全知道自己应该怎么做。

除此之外，它们超强的适应力能让它们平静地接受各种环境，和其他猫种甚至是狗都能玩到一起，和孩子们玩耍，也是它们的最爱。

它们利落的短毛，优雅的身形，运动员的素质和独立温和的个性，让饲养它们的人觉得轻松而愉快，因此，如果你也向往这样的生活，美国短毛猫一定会帮助你实现，而不是成为你的麻烦。

最省钱的猫

美国短毛猫不但样子漂亮，身体也非常健壮，生来很少生病。正常的情况下，它的平均寿命可以达到15~20年，对于这样一个健壮的家伙，它每年只需要去一次宠物医院，做一个健康的例行检查就可以了。可以说是为主人省下了一大笔医疗费。正因为如此，这个健康的猫咪在“长寿”的猫品种中也占有一席之地。

Cat Back Home

猫咪是一种优雅、独立同时也需要你的陪伴和照顾的小家伙，小猫确实非常可爱，但美国短毛猫或柯尼斯卷毛猫除了用一辈子带给你欢乐外，也会带着一大堆麻烦进门。带它们回家，你真的准备好了吗？

2 带猫猫回家

你适合养猫吗?

你的性格

当然，想要成为猫的主人的条件，并没有那么苛刻。

但是，如果你是一个喜欢热闹，超级喜欢外出活动，一个人住，经常夜不归宿，又是个行动迅速的急性子的话，柯尼斯卷毛猫温柔而粘人的性格恐怕不太适合你。如果你正是一个喜欢安静，喜欢享受和猫儿在一起的甜蜜时光，连睡觉的时候都喜欢有它们在身边陪伴的话，柯尼斯卷毛猫显然很对你的胃口。

而如果你是非常喜欢运动的人，希望即使在家里仍然能保持活力，并有人能不知疲倦地参与你的活动而毫无怨言的话，同样是运动健将的的美国短毛猫就非常适合你。

你的时间

虽说猫咪是一种独立的宠物，但是它们还没有独立到可以自己做饭和收拾厕所的地步，它们需要你花费时间和精力来细心照顾。

因此，如果你是一个人住，公务或私事又很繁忙，总是忙到半夜才拖着透支的身体回家。那么，养猫给你带来的负担一定比乐趣更加突出，对你和你的猫来说，都是一件很痛苦的事。特别是同样需要你给它们关爱的柯尼斯卷毛猫更无法接受这样的孤独的待遇。因此，如果你还不能做好这样的准备，希望你能够放下养猫的冲动，等到时机更成熟的时候再接它回家也不迟。

你的家人

如果你和家人或朋友一起住，那么很幸运，能有更多的人帮助你照顾猫咪，而且有更多的人可以和你一起分享养猫的乐趣，当然，这是在你的家人都赞同接纳这个小家伙的前提下。

不管你多么希望马上把一只可爱的小猫抱回家，或是你自己已经作好了完全的准备，都需要冷静下来先和家人沟通，毕竟，以后的日子里和小猫一同生活的，不只是你一个人。在小猫进门前，你的家人应该在心理和生理方面都能够接受它。虽然科尼斯卷毛猫和美国短毛猫都是短毛猫，但是，如果家人对猫毛会严重过敏或其他原因而不能接受它，我们最好能接受家人的意见，等到时机成熟再饲养猫咪，鲁莽而固执地私自带小猫回家，并不是个好办法，

你的经济条件

这这只可爱的小家伙除了能够给你带了无穷的精神享受外，同时，也带了了一笔不小的经济负担。猫咪们虽然目前还不必像狗狗一样需要办理户口及每年上缴管理费，但它们的衣食住行同样需要你不断的从口袋里掏出钱来，掏钱清单大致如下：

1. 买猫：猫的价格会因其血统、性别、月龄和身体特点（性格、毛色等）而存在差异，一般情况下，一只宠物级的柯尼斯卷毛猫的价格大致在5000到10000元之间不等。美国短毛猫大概在2000元到10000元。

2. 养猫：从猫咪进门的那天起，它的饮食起居就都需要你来安排照顾了。猫咪的每月的生活费基本包括了猫粮、猫罐头、零食、玩具、如厕用品和洗护用品几类，正常情况下，每月的开销在200~500元就足够了。我们可以列个猫咪日常生活用品开销的表格，大家可以参考一下：

猫用品	猫砂	猫粮	猫罐头	自制肉类
一只成年猫的每周用量	2.5kg装，1袋	1kg	1~2个	1kg
平均消费	10～40元/袋	20～50元	10～20元	5~10元

Q 请问柯尼斯卷毛猫这样的纯种猫可以在宠物店里买到吗？

A：除了信誉良好的宠物店，在职业繁育纯种猫的猫舍也可以得到你想要的猫咪，在决定购买地点之前，你可以通过专业杂志或者当地爱猫协会了解更详细的信息。

相对而言，宠物店的小猫更加适合一般家庭饲养，如果你想得到具有血统证书的赛级的猫咪，猫舍则是更好的选择。

Q 请问美国短毛猫这么好动的猫，可以在公寓里饲养吗？

A：没有问题，只要你的家有它们活动的空间就可以，这个空间不需要很大，但是一定要有上下跳跃的余地。另外，虽然这个小家伙很爱跳跃玩耍，但是它们并不吵，它们的行动很轻巧，它们很少大叫，它们的叫声轻柔悦耳，绝对不会吵到周围的邻居。因此，它们虽然好动，但依然非常适合公寓饲养。

猫咪和特殊人群

我们的人生总会经历很多阶段，如果你或你的家人正处在以下这些阶段，那么，养猫会带来什么不良的影响吗？我们还能够养猫吗？

猫咪和准妈妈

每个养猫的准妈妈们都会经历在猫咪和宝宝的健康之间难以抉择的情况，而痛苦的原因就是猫咪会感染弓形虫，而弓形虫会对腹中的胎儿造成不良的影响。没有人愿意用自己的孩子来冒险，因此，很多人都选择了放弃猫咪，而实际上，这对猫咪来说并不公平，而可怕的弓形虫实际上也并不是那么可怕。

孕妇与弓形虫

如果女性在怀孕期间第一次传染上这种寄生虫，是否会对她和婴儿产生影响取决于她已怀孕多长时间。妇科医生表示，在头三个月里，孕妇不太可能把寄生虫传染给胎儿，但如果在此期间弓形虫病被传染给胎儿，多数情况会导致流产或死胎；怀孕中期会引起早产或严重的脑、眼部疾患；怀孕的最后三个月里最有可能把寄生虫传染给胎儿，但是胎儿会产生健康问题的可能性最低。

据统计，每年在美国出生的四百万个婴儿，只有1200个婴儿受到弓形虫病的感染而致病。这些婴儿中的大部分只有轻微的症状，如皮疹和眼炎。极少数婴儿会患脑积水、脑发育迟缓和贫血。

猫咪与弓形虫

猫在它们的一生中可能传染上弓形虫，传染的途径通常是食用死老鼠、鼹鼠、松鼠或其他被感染的小动物。有些猫没有表现出任何症状，而有些猫则表现为腹泻或无精打采，偶尔还会引发肺炎或眼部炎症。完全住在室内、从未与老鼠接触过的猫可能永远也不会被传染。

孕妇也可以养猫

女性能通过猫传染弓形虫病的唯一渠道是直接接触猫的粪便，而大部分人都避免这样做！怀孕期间只要注意几个简单的事项就能完全避免接触这种寄生虫。

1.首先，一个简单的血液检查可以查出人是否传染了弓形虫。但是，这个检查不能测出被测者是什么时候传染上的，因此建议最好在准备怀孕之前做检查，这样，孕妇就能在怀孕之前知道自己是否被传染了。即使已经感染了弓形虫，只要用螺旋霉素治疗就可以痊愈，这种药物副作用极小，即使是孕妇也可以长期服用。

同样，猫咪也可以提前去医院检查是否已经感染弓形虫

2.不要让你的猫在外面捕食，也不要用生肉喂食，并注意猫咪餐具的卫生。

3.孕妇应避免接触猫的排泄物和猫砂盆，让家中的其他人完成清理猫粪便的工作，或者接触上述物时戴手套，事后仔细洗净双手。

4.每日清理猫砂盆，因为生物体被排出后，至少要到24小时后才有可能带有传染性。有趣的是，猫的一生中只排泄弓形虫一次，也就是在它被第一次传染之后。

猫咪和新生儿

家里有了新成员，而且是个可爱的宝宝，猫咪刚开始一定会对宝宝充满好奇，想要宝宝和猫咪和谐相处，其实并不难。

猫咪不会主动攻击新生儿，如果猫咪想要主动接近婴儿，那只是它好奇罢了，不用大惊小怪或大声呵斥和赶走猫咪，这样反而会让猫咪忌妒和害怕。而猫一般没有狗或其他宠物所具备的耐心，它们比较不能容忍粗暴的对待，如戏弄、掐、捅、和戳。如果小孩子粗暴地对待猫一次，猫会很长时间都害怕他。但是，只要你开始就做好准备，一切都没有那么困难。

1.首先，经常让猫闻闻婴儿的东西，让它意识到婴儿的存在，而且婴儿对它不是个威胁。

2.在宝宝出生前，让猫习惯于你主动的关心。是你去抱它抚摸它，而不只是它跳上来后关心它。 养成好习惯，以免以后你抱宝宝的时候，猫咪依然会向你怀里跳。

3.生了宝宝后，让猫习惯于在你关心过宝宝之后再关心它。这让它认为宝宝是它得到关心的前提，而不是它的竞争对手。

4.在不同的时间分别喂猫和宝宝。

5.不要让幼儿抱猫。他们不会控制用力的大小，会让猫感到疼痛或不适。

6.你可以扶着宝宝的小手，教他轻轻摸一摸猫。教他怎样摸猫，怎样与猫沟通，尊重猫。这也让猫觉得小孩有权去摸一摸它。

切记，千万不要单独让宝宝和猫咪同处一室，以免发生不必要的危险。虽然科尼斯卷毛猫和美国短毛猫都是极其温顺的和聪明的猫种，但是我们还是需要防患于未然，这样对猫儿和孩子来说，都是非常必要的。

猫咪和儿童

孩子们一般都会很喜欢猫咪，因为它们娇小、柔软而可爱，而猫咪们一般不太喜欢孩子，因为他们总是大声叫着追赶猫咪，或者把它们像玩具一样紧紧搂在怀里。而美国短毛猫不同，它们是脾气和忍耐力超级好的家伙，对孩子们粗暴的行为，它们都能一忍再忍，但是，这并不意味着孩子们就可以任意和猫咪玩耍，让孩子了解如何恰当地和猫咪亲密接触，是让猫咪和孩子都安全和开心的办法。

1.如果你的孩子已经比较懂事了，在把猫带回家之前，要认真地坐下来跟孩子讲：猫咪是很漂亮很可爱的动物，不是一个电动的绒毛玩具。同时告诉孩子不能像追狗一样追猫，因为猫不喜欢被追，追逐它会把它吓坏的，会让猫咪很不舒服。最好的办法是等猫去接近孩子，这时他可以轻轻地摸摸它软软的毛。

2.猫咪到家后，要慢慢引见给孩子，一开始限制孩

子，只能让他摸一摸猫。

示范给孩子，或手把手地教孩子怎么顺猫毛——猫咪身上什么地方可以摸，什么地方不可以摸，该用多大的力气。

3.可以经常让孩子喂猫咪一些它爱吃的零食，这样猫咪会觉得小孩子对它是有好处的，从而接受孩子，愿意接近孩子。也可以让孩子扔乒乓球或玩具老鼠，或用其他猫玩具跟猫咪玩。这也让猫咪觉得小孩对它没有威胁，很好玩。

4.在猫睡觉、吃食、上厕所时不能让小孩打搅它。猫需要安静的地方独处。大一点的孩子可以让他帮忙照顾猫。但要监督他，不要因为他的粗心或偷懒让猫咪受苦。但最好不要让孩子打扫猫砂盆。

只要做到以上几条，一只温顺的美国短毛猫完全可以安全地和孩子们共处，还可以培养孩子的爱心和耐心、让他们从小就知道要怎样对一个柔弱的生命负责。

猫咪和过敏者

我们往往把这种症状归咎于猫咪的被毛，而实际上，猫毛本身并不引起过敏。猫咪引起人类过敏的原因是一种微小的蛋白质，称为过敏源。它存在于猫的脂肪腺中，通过皮脂散发，这种物质附着在干燥的皮肤上，就是我们常见的皮屑。过敏源还可存在于动物的唾液和尿液中，当动物舔被毛时，就可能通过空气传播。

过敏反应包括轻微的抽鼻子、打喷嚏到危及生命的哮喘，而且可能与环境中其他过敏源引起的反应掺杂在一起，从而变得复杂起来。有些对猫过敏的人在冬季可以和猫咪共处，但是春天就十分难受。很多过敏患者的过敏源不只一个，还包括灰尘、杀虫剂、花粉、香烟、烟雾等，这样的患者要全面减少环境中的过敏源，而不仅仅是针对猫的皮屑。

而一旦发生过敏，我们要先查清过敏源，才能对症下药，不要简单地把过敏症状归咎于猫咪。我们只有去医院进行必要的化验，才能确定真正的过敏源。

有些人只是在接触猫咪的初期出现过敏症状，这种情况下，只要经常接触它们，就会产生抵抗力。 我们还提供了一些其他的办法，帮助你预防过敏或减轻过敏症状。（由于猫咪身上的过敏源只有花粉过敏源的1／6大小，不易清除，所以你的努力可能要经过数月才有效果。）

1.在家中创建一个无过敏源地带，比如卧室。严格禁止猫咪进入这个地带，可在这里使用高效清除微粒的专业空气清洁器。

2.保持房间通风、空气新鲜，但不要连纱窗纱门都打开，以免好奇的猫咪溜出去探险，发生意外。

3.尽量选用不易渗透的材料，避免使用那些容易存留灰尘和碎屑的材料，如布制窗帘、卧具和地毯。地毯可携带的过敏原的数量是地板的100倍。如果无法撤掉地毯，就应尽可能频繁和彻底地清理它。

4.沙发罩、卧具、窗帘、猫咪的小窝

和厕所都应由不过敏的人经常换洗。在吸尘器上使用微型过滤器，可以更有效地清理过敏源。

5.在自家的封闭花园，或者在让猫咪感觉安心的户外环境，定时梳理它的被毛，尽量把皮屑留在户外。这时要给猫咪带上胸背式牵引带，认真看护。

6.每周给猫咪洗澡，可以减少84%的过敏源。尽管国外已经研制出只要喷在动物皮毛上即可减少过敏源的产品，但研究显示，每周洗澡更为有效。而美国一位过敏与哮喘专家认为，每天使用一些专业用品，擦掉猫咪身上的口水和皮屑也可达到同样的效果，还不必让怕水

的猫咪承受洗澡的痛苦。通常情况下，给动物洗澡的频率不应低于10天一次，因此如果你准备每周给它洗澡，就应向兽医咨询，如何保证它们皮肤的天然保护层不受伤害。

7.免疫疗法可以减轻症状，但无法根治。医生会设法减轻患者免疫系统对动物的敏感性，通过一些注射治疗，激发身体产生抗体，锁住过敏源，避免产生过敏反应。患者通常每周治疗一次，持续几周或数月之后，便可每月注射一次了。

8.其他脱敏治疗还包括甾族胺和抗组胺剂喷雾、解充血药、滴眼液或药片。哮喘患者可选用药剂、喷雾和吸入器。最近的研究证明，抗氧化剂，如维生素C和维生素E对减轻过敏有重要意义。重要的是，找到一位在感情上理解并支持你的过敏医师，通过药物来控制症状，加上清理房屋的努力和免疫疗法的成效，过敏患者和猫咪一起生活就不再是奢望。

多数的人在发现自己对猫咪过敏后，都不会轻易地放弃猫咪，积极地想方设法减轻自己的过敏反应，给伴侣动物一个善始善终的家，是一种甜蜜的责任。如果你的症状仍然不能改善，早点给猫咪找个合适新家庭，也是负责任的方法。

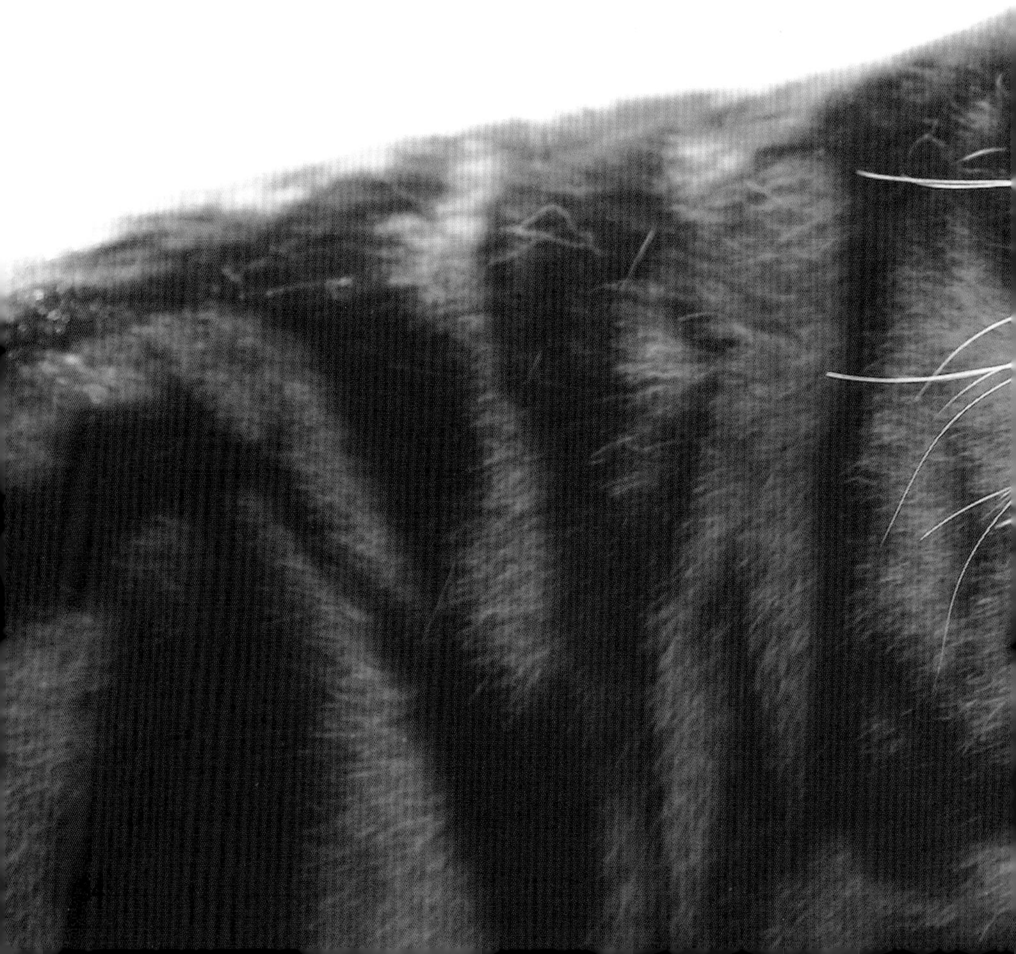

Q 听说柯尼斯卷毛猫因为掉毛量很少，所以过敏人群也可以饲养，是吗？

A：首先，如果对猫过敏，最好的方法还是不要养猫。但是，柯尼斯卷毛猫因为毛质的特殊原因，掉毛量的确很少。而且，有科学家正在研究和猫有关的过敏症，并表示，柯尼斯卷毛猫确实比其他猫种对过敏人群的影响要小。但是，为了慎重起见，你可以先去饲养柯尼斯卷毛猫的朋友家里坐坐，看看情况。如果你把柯尼斯卷毛猫带回了家，我们上面所说的注意事项你还是需要严格遵守。如果依然有不适的情况发生，要尽快给柯尼斯卷毛猫找到一个新主人。

选只猫咪到家

如何挑选一只健康的猫咪回家?

首先，我们应该去正规的宠物商店或美国短毛猫繁育者手中选购猫咪。在选购时，猫咪的健康问题是最需要我们注意的。我们最好在猫咪醒着的时候去看望它，健康的猫咪应该能灵活地转动身体，有明亮而干净的眼睛。过多的眼部分泌物也是不正常的现象。

如果你选购的是幼猫，可以轻轻地把它抱起来，它应该外表看起来要重得多。你还需要仔细检查它体毛的光泽度，以及眼睛、耳朵和肛门是否清洁，只要没有异状，一般它都会是一只健康的小猫。

在选购时，别忘了向卖家询问猫咪的免疫状况和驱虫状况，以及猫咪是否已经进行过绝育。总之，对猫咪的一切状况都要有个详细的了解，这样才能为以后你和猫咪的完美生活打下良好的开头。

挑一只多大的猫咪回家?

一般来说，出生两个月左右的幼猫，对于新环境的适应能力最强，最为适宜进入一个新的家庭。太早把猫咪带回家会有断奶期的一系列问题发生，而年纪太大的猫咪则不太容易适应新环境。

但是，如果你想成为一只柯尼斯卷毛猫或者美国短毛猫的主人，对带一只多大的猫咪回家就没有这么多烦恼了，因为它们对环境的适应能力极强，进入一个新的环境，它们能够很快融入新家庭。因此，只要你没有特殊要求，任意一个年龄段的猫儿都能够大大方方地进入你的家。但是对于年纪太大的顽固老猫，你还是要多费一番心思的。

挑小公猫还是小母猫?

公猫和母猫可不只是能不能生育小猫的区别，它们在性格和生活习惯上也有很多不同，它们的差异，就和真正的小男孩和小女孩差不多，就看你

怎样选择了。

我喜欢小公猫

小公猫的自尊心很重，需要更多的自我空间，对你强迫它进行的活动，它一概置之不理，固执可爱的性格，就像个小男子汉。它们不会总是黏在你的身边，也不会有生育小猫的麻烦，因此，养一只小公猫相对来说比较轻松。但是，因为公猫的领域性极强，发情期的小公猫会有到处喷洒尿液的行为，以强调“这是我的地盘”。但这种烦恼只要给公猫进行绝育手术就可以解决了。

我喜欢小母猫

小母猫的个性一般都比较温顺和缠人，喜欢和你玩耍和撒娇，是个极其贴心的小家伙。但是发情期的母猫也会给主人们带来不少困扰，它们会大声呼唤，那种声音恐怕没有人会喜欢。而且，如果你希望自己的猫咪能够当妈妈的话，母猫在怀孕和生产期间的照顾，也是一件累人的事。但是，以上的这些麻烦都可以在做完绝育手术后一并解决，最重要的还是你的选择。

养几只猫咪合适？

人们往往会觉得，一只猫咪在家实在是太寂寞了，多几只猫咪可以一起玩耍和彼此照顾，应该是个让猫咪们高兴的好办法，而事实却不一定如你所想。

大多数猫咪都是爱嫉妒的家伙，它们并不喜欢家里多增加一个成员来分享主人的爱。它们更喜欢和主人撒娇玩耍，而不愿意整天和自己的同类腻在一起，它们看起来不太善于和同类交往，有时候甚至彼此厌恶。如果是已经习惯独自生活的猫咪，突然给它增加一个伙伴，往往会给它本来宁静的生活带来干扰。

但是，美国短毛猫可以说是猫咪中的特别活泼的一组，它们很容易适应新环境和新伙伴，不会打得不可收拾。对于柯尼斯卷毛猫，它们可能需要你更多的关爱，突然闯进的几只猫也许会让它们郁闷一阵子，但是只要它们知道多几只猫也不会影响你对它们的爱，多几只猫在一起也不会惹麻烦。

总之，如果你有多养几只猫咪在家的打算，就必须要做好准备，公平地对待每一只猫咪，这样才是化解猫咪之间的矛盾，让它们和睦相处的最好办法。

但是，一定活动空间内所容纳的猫咪数量是有限的，这样才能保证每只猫咪都有自己的活动空间和领地，过于狭小的空间对不能出去玩的猫咪们来说是非常残忍的事，特别是对美国短毛这样的运动派，同时也会给你的生活带来麻烦。

猫咪和狗儿等其他宠物可以和睦相处吗？

猫咪是天生的猎手，一般来说，它们

会把比自己小的动物当做猎物攻击，即使不会给它们造成生命的危险，也会让它们吓个半死。而对过于热情的狗狗们，猫咪往往会反感它们不分时候地冲上来亲昵，也会奋爪还击。

还好，美国短毛猫和其他猫儿相比更活泼、更温顺，也更容易和其他的小动物相处。如果你的家里还有其他宠物，最好挑选一只性格更加随和温顺的小家伙进门，这样，它们不但不会伤害家里的小鱼，也不会因被家里的小狗频繁骚扰而烦躁易怒。再有，选择一只幼猫来适应这种复杂的环境更加容易，而对于一只成猫来说，就有不小的难度了。

虽然柯尼斯卷毛也能够适应和其他宠物相处的生活，它们还是更喜欢独自分享你的爱的猫咪，不要让过多的宠物打扰你和猫咪的完美生活。

Q 我的家里有一只家猫，可是我还想再养一只美国短毛猫，它们会不会不和呢？

A：这就要看你家里家猫的性格了，一般情况下，家猫并不太欢迎新来的闯入者，但也不会轻易地伤害它们。如果你要再养一只美国短毛猫，最好挑选一只小猫，因为小家伙不会过多地引起家里大猫的敌意，另外，公平的对待所有的猫咪更加重要。放心吧，美国短毛猫一般都会很快适应新环境的，不过它们过于好动的性格也许会让家中原有的猫儿好好适应一阵子。

新猫到家的准备工作

物质准备

猫笼或猫包：为了安全的带猫咪回家，我们需要一个结实又透气的猫包或者猫笼。以后如果带生病的猫咪去医院或外出时，猫包也是必不可少的。如果你的猫咪胆子很小的话，还可以笼子或包外面罩上一块布，以免猫咪看到环境的突然变化而受到惊吓。

梳子：对于美国短毛猫这样有着利落的短毛的猫咪，你只需要准备一把梳子就足够了。短毛猫也需要经常梳理来保持皮肤和被毛健康，有条件的话，可以选用防静电的刷子和梳子。

食盆：猫是靠舌头舔食的，所以喂猫吃饭的食具一定要选用浅底的。最好是用二合一型食盆，一边放食，一边放清水。猫的食具要经常保持清洁，应该每天清洗，猫咪可是不会喜欢肮脏的食具的。

猫砂盆：给猫咪准备一个与其体型适当的塑料便盆。市场上猫砂盆基本有开放式和封闭式两种。开放式猫砂盆较易清理，价格也比较便宜。封闭式的猫砂盆虽然价格贵些，但更加安全和能让屋里的空气更清新，但并不是所有的猫咪都能很快接受。总之，选择猫砂盆最重要的是要适合猫咪的体型，连猫咪的屁屁都放不下的猫砂盆显然是没有用处的。

猫砂：猫砂不但能吸收便便的异味，还更加便于清理。现在市场上的猫砂有很多种，有传统的砂状猫砂、水晶猫砂、纸质猫砂、松木猫砂等等。可以根据自身的情况和猫咪的喜好选择，更多猫咪还是比较容易接受传统型猫砂。

猫砂铲：猫砂铲用来清理埋在猫砂中的粪便块。

猫窝：最好给猫咪们准备一个自己的窝，和小猫同床共枕并不是个好习惯，想象一下，如果哪天你不在家睡觉，这个小家伙会有多么伤心。给猫准备的窝应该是柔软清洁，而且应放在温暖而安静的地方，这样才能让它安然舒适地入睡。

时间准备

最好选择周末把猫咪带回家。一方面，你可以有一天多的时间帮助小猫适应新的环境、和它建立感情，另一方面，也可以有充裕的时间观察它的饮食、排泄是否正常。

宁静的欢迎仪式

新成员刚到家，你和你的家人一定会兴奋和忙乱一阵子，而刚刚来到新环境的猫咪也会同样紧张而兴奋，同时它们的内心也充满着不安的情绪。因此，当忐忑的猫咪刚刚走出猫笼踏入新家时，千万不要大声叫喊，以免惊扰了这个敏感的小家伙，让它对这个新家的好印象大大减半。

正确的欢迎仪式应该是轻柔地抚摸它的身体，同时可以轻声地和它交谈。美国短毛猫是适应能力很强的家伙，在这个安静的欢迎仪式过后，它们会很快对新家表示出强烈地好奇心，开始巡查它的新领地。这个过程非常重要，这时候我们最好能按捺住想尽快和它们嬉戏玩耍的心情，让它们自由地在屋内探索，因为只有当小家伙们对整个家的地形有所了解，才能真正地安下心来。

像柯尼斯卷毛猫这样随遇而安的小家伙，最多只要两三天的时间，它们就能适应新家的环境，成为你再也离不开的家庭成员了。而从这天起，你的猫咪主人的身份才正式开始，每天回家，你都能尽情享受有它们陪伴的乐趣生活，当然，对它们带来的小麻烦你也会从此照单全收，毫无怨言。

Q 新到家的柯尼斯卷毛猫宝宝总是喜欢在我的头顶睡觉，怎么办?

A：小猫可能是觉得你的旁边最有安全感也最暖和，也许还会觉得你的头发最像妈妈的被毛，特别是喜欢缠着人的柯尼斯卷毛猫，但是，小猫在你的头旁边睡觉并不安全，而且，如果它长大了还是这样，就有些麻烦了。你最好还是让它睡在猫窝里，刚开始可以把猫窝放在自己附近，渐渐地小猫就会适应了，另外，对柯尼斯卷毛猫这样怕冷的小猫，一定要选择温暖的地方放猫窝，它们就不会总往你身上贴了。

小家伙终于进门了，但你和它们的生活才刚刚开始。它们的确有些像“明星”，因为从此以后，它们需要的绝对是“星级服务”：它的饮食起居需要你照顾，娱乐活动需要你安排，就连结婚生子都需要你张罗。不用吓得手忙脚乱，但为了你们共同生活的时光，你确实需要一本“猫咪实用手册”。

猫咪实用手册

Cat Directory

3

完美居家手册

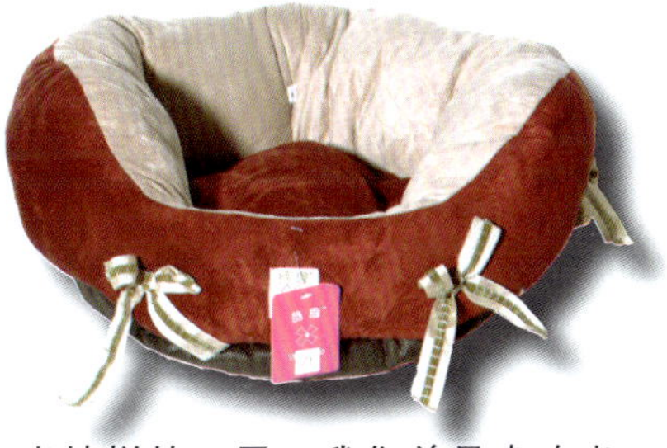

和小狗们不一样，猫儿是天生恋家的动物，它们对家的感觉，就像女人看待爱情一般，不可缺少，搬家对它们来说就像失恋一样痛苦，而一个布置得很糟糕的家，就像是一场蹩脚的婚姻般让它们难以忍受。要知道，它们可不像我们一样，可以经常出门散心，一个家对很多小猫来说，就是所有的活动空间。因此，想留住猫儿的心，首先就需要给这些小猫们准备一个完美的家。

起居室

和我们的房间差不多，猫咪的起居室也是它们日常活动的空间。对居住在城市公寓中的家猫来说，这个起居室应该是一个充满阳光，并能够进行上下运动的空间，特别是对美国短毛猫来说。

选取位置：

首先，阳光对猫来说非常重要，温暖的阳光能够帮助它们合成体内所必须的维生素，在阳光下相互舔嗜皮毛也是猫儿非常重要的社交礼节。因此，猫咪起居室最好选取一个充满阳光的位置。

卧室

猫是天生嗜睡的家伙，它们生命中的一大半时间几乎都是用来睡觉的，就连它们野外亲戚狮子、老虎也是如此，这也是小时候的我们去狮虎山总是扑空的原因。阳光灿烂的日子，我们总是喜欢出门，而它们最爱的是回“卧室”睡觉，这是它们的家庭梦想中最重要的东西。

猫咪们对它们睡觉的地点非常挑剔，它们最喜欢躺在柔软而温暖的地方，比如说你刚刚收回来的一打衣服上，或者干脆就是你的被窝里。有些主人并不厌烦猫咪和他们享用同一张床，但实际上，专家还是建议尽量不要让猫咪养成睡在人类身边的习惯，尤其是处在幼儿期的小猫，因为你很容易在翻身时压到它们而自己却毫无知觉，这是非常危险的事。而如果你有过敏性鼻炎或哮喘的历史，就更不要让猫咪和你一起睡，在

晚上，我们的呼吸道会对这些过敏原更加敏感。因此，最好还是给它们布置一间自己的猫窝吧。

选取位置：

猫儿们对声音很敏感，所以卧室的所在地应该避开电视、音像和其他人声鼎沸的地方，温暖、安静的角落是卧室的最佳位置。而且猫儿们很怕冷，所以在冬天一定要做好保温措施。

卫生间

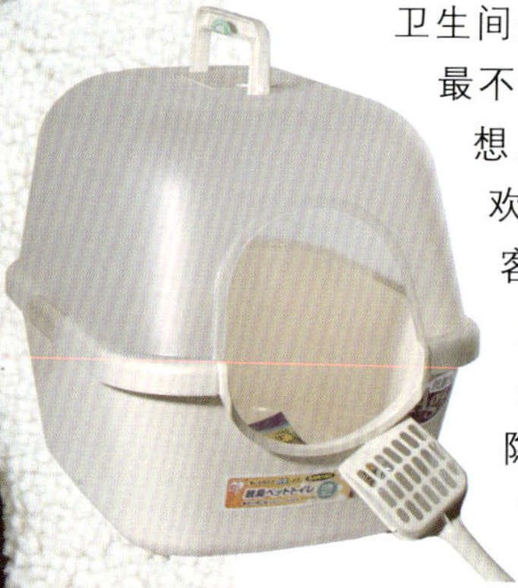

卫生间是猫儿们最隐私最不设防的空间，我想，一定没有人喜欢蹲在马桶上接待客人，猫儿也是如此。一个舒适、安全、清洁、隐秘的卫生间对它们来说非常重要。

当然，猫儿没有那么挑剔，它们不需要什么有黄金猫砂盆的“五星级猫厕所”，但是，如果你没有能力让它们满意的话，猫咪很可能会挑选一些具有相同表面结构的区域来进行排泄，比如地毯、换洗衣物或床铺，有些则会挑选光滑的表面，如浴缸、洗手槽、瓷砖等。如果你不想成天和猫咪的排泄物作战的话，装修一下它的卫生间吧。

选取位置：

猫儿的厕所，也就是猫砂盆应放置于易于到达且隐密的区域，以便它安静的排泄以及随时逃跑，如果这个地方温暖而不过于黑暗，那就更好了。总之，卫生间的位置应远离起居室和卧室，是一个不受打扰的安静空间，如果你实在不知道应该放在哪里，可以先放在你的卫生间或者比较凉快的阳台试试。

玩具

猫咪都是幸福的家伙，它们的一生仿佛都在吃、玩、睡中度过，而玩耍在猫咪的生活中也占了极为重要的地位。其实，猫咪们可以把家中的任何物品当做自己的玩具来消磨时间，但是，如果你看到你的阿比尼西亚猫正在把玩你的首饰，一定高兴不起来，而且，这样的玩具对猫来说，也是非常危险的。

因此，为它们准备特制的玩具才是正确的方法。可以选购的玩具品种很多，我们在选购玩具的时候，应该避免体积过小而容易吞食和易碎的玩具。而毛茸茸的和加了猫薄荷的玩具往往是它们的最爱。

猫抓板

猫爪板也是猫咪生活中不可缺少的家具。猫爪的生长特性，让猫咪们不得不靠磨爪子来防止趾甲过长而刺入脚趾，以及帮助旧的角质脱落。如果猫咪们没有固定的猫爪板，它们就会找到自己觉得合适的地方磨爪子，这可能包括你家的新沙发或者干脆是你的腿……

给猫咪们准备一个猫爪板并不难，市场上卖的猫爪板还会有各种样式，如果你想DIY一下也很容易。只要猫咪知道了这个东西才是磨爪子的好地方，它们就不会再骚扰你的沙发了。怎样让猫咪知道在哪儿磨爪子，后面会有详细的介绍。

天生的睡眠专家

猫的睡眠时间，大约是人睡眠时间的两倍左右。但是猫不像人那样集中地睡，而是分成数次睡，所以，猫在夜里的任何时候都可以起来。猫科的大头领狮子，一天要睡20小时左右。研究表明，猫的睡眠中有四分之三是假睡，即是打盹儿。所以，看上去一天16个小时猫都在睡觉，其实熟睡的时间只有4个小时。人在睡觉时有各种姿势，猫也像人一样在睡觉时也有各种姿势。猫有趴着睡的，坐着睡的，有时也仰天大睡。猫还回说梦话，这梦话便是鸣叫。猫在做恶梦时也会被吓醒了睁开眼睛。猫对睡觉场所的选择甚是小心，夏天，猫能准确无误地找到一个通风、凉快的地方。冬天，猫能准确无误地找到一个暖和的地方。此外，猫还跟随着太阳的移动多次移动睡觉的地方。像向日葵总是向着太阳一样。猫对于睡觉的场所，总是努力地争取最舒适的地方。比如靠近取暖炉处睡，但往往使猫尾巴被烤焦；母猫和小崽有时会选择舒适的场所挤在一起睡，但易使猫崽窒息而死亡。

Q 我家的柯尼斯卷毛猫很喜欢扒在我的大腿上，是所有的科尼斯卷毛猫都这样吗？还有，它现在太重了，怎么才能让它到别的地方睡觉啊？

A：并不是每只柯尼斯卷毛猫都会这样，这可能是个体的差异，我知道有的小家伙甚至喜欢趴在主人的头上，你显然幸运多了。柯尼斯卷毛猫拥有特殊的被毛，所以一般情况下，它们喜欢睡在我们温暖的大腿身体旁边。如果你的猫喜欢温暖的地方，你可以试着把它的窝挪到暖气旁边，告诉它们这里更暖和，但是千万不要强迫它们，它们根本不吃这一套。

看看你的猫咪几岁了？

1个半月＝4岁	3个月＝6岁	6个月＝10岁
9个月＝13岁	1年＝15岁	2年＝24岁
3年＝28岁	4年＝32岁	5年＝36岁
6年＝40岁	7年＝44岁	8年＝48岁
9年＝52岁	10年 ＝56岁	11年＝60岁
12年＝64岁	13年＝68岁	14年＝72岁
15年＝76岁	16年＝80岁	17年＝84岁
18年＝88岁	19年＝92岁	20年＝96岁
21年＝100岁		

怎样照顾幼猫

猫咪新生儿（出生三周内）

小猫的出生重80~140克，平均100克。从出生到两星期左右，它们的体重，可增加两倍之多。出生的小家伙要到7到十天以后才能睁开眼睛，但它们可以在猫妈妈的帮助下顺利地含住乳头。

初生的猫咪有母猫照看当然是最好，但有时也会出现母猫无法照顾猫宝宝的状况发生。而这个时候，这些柔弱的小家伙就必须仰赖我们的照顾才能健康的长大。作为代理猫妈妈，我们应该怎么做呢？

喂猫宝宝喝奶：

1.奶水：如果猫妈妈无法给小猫喂奶，我们最好选用市面上专用的猫咪奶粉来代

替母乳，不要轻易用牛奶代替，因为一些体制较弱的小家伙们并不适合饮用牛奶。冲好的奶水温度应和我们的体温相当，并装入奶瓶中喂食。如果小猫无法使用奶瓶吸食奶水，我们也可以用滴管将奶水滴到小猫的舌头上，让它们能够自行吞咽。

2.食量:一般的猫咪每天需要喂食5到6次，一周一下的猫咪最好每隔2~3个小时喂一次，而两周以上的小家伙可以每隔4~6个小时喂食一次。奶水在加热后最好一次给猫咪喝完、避免多次反复加温。喂食后用手轻抚小猫尤其重要，这不但令它心情愉快，还能帮助身体机能发展。

3.喂奶姿势:给猫咪喂奶的时候，你可以坐下来，在大腿放上软毛巾，在软毛巾上把小猫抱在手里，猫咪的肚子向上。挤出一点猫奶在奶嘴上，小心地把奶嘴放在舌头的位置，小猫便会自行吸吮；须耐心、安静和稳定地喂食；切勿用手挤压奶瓶。若要挤奶瓶的话，一定要非常小心，让猫奶稳定地慢慢流出而射进喉内。留心小猫的耳朵，要是它们开始前后摇摆的话，是小猫吃饱了的信号。要是有奶气泡从鼻喷出，表示小猫已经吃得太多了，要立即停止喂食。

帮助小猫排泄:

新生小猫是不会自己排泄，而积在体内的排泄物会令小猫感到疼痛和危及生命，所以每次在喂食前，应立即用温水的湿棉花或湿纸巾，轻按小猫的屁股，助它排出便便和尿液。留意猫儿排泻物,正常情况下，它们的大便该呈黄色的牙膏状，尿液应是淡黄色，如尿尿“深黄色”便是小猫出现缺水的情况了。我们需要给小猫们喂食一些温开水来缓解缺水的症状。

让小猫保暖:

小猫不会自动产生体温，夏天也要帮小猫保暖。我们可以用暖水袋给小猫保温，把暖水袋盛热水后，用胶袋装好暖水袋，再用毛巾包着，才可供小猫睡，因不能过热。小猫不可直接接触阳光，盒内亦应留有足够空间，让小猫可以爬离过热的热源。

给它们清洗眼睛:

对于仍未开眼的初生小猫，可用多功能隐形眼药水或和暖开水轻轻涂抹小猫的眼睛，帮助它开眼及消毒。

小猫饲喂量很关键！

1. 小猫每天应摄入的奶水量，是以其体重每100克体重30毫升计算，奶瓶上最好有刻度，以方便追踪摄食量。每天或每两天为小猫量一次体重，以估计它们所需的奶水量，用来量食材或邮件的小秤就够了。

2. 出生不到一星期的小猫，每二到三小时至少要喂一次；二周大时，每四到六小时喂一次；三周大一直到断奶的小猫，则是六到八小时喂一次。

3. 把应摄入的奶水量除以每日喂食次数（应喂食量／每日喂食数），所得结果便是每次喂奶时应准备的量。较虚弱或大病初愈的小猫喂奶次数必须更为频繁。

4. 请记得，小猫年纪愈小，就愈容易黏住母猫的乳头不放，因此偶尔想到时请随时喂一点。如果你注意到小猫一次吸奶的份量不够，请增加喂食的次数。

5. 小猫便秘的话：在奶水中加一滴蔬菜油，一天不要超过一次，直到便秘问题解决。

紧急用幼猫奶水配方

如果宠物店关门了，没有猫奶粉，不用怕，我们还有——幼猫奶粉配方：

200毫升全脂牛奶/两颗蛋黄/一茶匙色拉油/一滴小儿用液体维生素（不一定要加）搅拌均匀后，放在冰箱里，要用时拿出来加热。

幼猫健康状况自检表

小猫的排泄物！便便的内幕

颜色	血红 在大便里看到血，可能罹患了全白血球减少症(panleukepenia)，是相当不对劲的情况，请尽速送医。
	黏液 大便里有黄／白／透明的黏液，肠道可能严重发炎，是相当不对劲的情况，必须马上治疗。
	黑色 非常深的黑色，可能是肠道上半部出血，是严重的警讯，必须马上治疗。
	棕色 正常的颜色，高兴吧！
	橘色 通常表示大便里有胆汁，通常伴随有打嗝（食道逆流）的症状，请带去看医生。
	黄色 十之八九是肠道中的菌种不均衡所致，如果伴随有腹泻的话，通常是球虫引起的，请带去看医生。
	白色 相当不对劲的情况，通常表示肠道内菌种严重不均，以及肠道严重发炎，此时小猫有生命危险，请尽速送医。

软硬度	干硬 不正常，通常有点脱水情形，马上带去看医生。
	结实 正常，高兴吧！
	圆条状，但柔软 有点问题，如果便便从结实变成柔软的话，应请教医生建议。
	牙膏状 仍然维持管状，但一触碰就会变形，不算正常，必须治疗。
	牛粪状 不是管状，但还有一点硬度，所以变成牛粪的形状。异常，表示健康状况很差，必须立即治疗。
	液状 从肛门中流出液体，稀稀的，而且可能有黏液。异常，表示健康状况很差，必须立即治疗。
	喷射状 液体不受控制地由肛门喷出，相当危险，有生命危险，必须立即送医！

尿液的颜色	红／深色 严重的警讯，有重大生命危险，必须立即治疗。
	深黄，接近棕色 表示严重脱水，或尿液中含有胆红素。不管是哪种原因引起的都不好。必须马上积极治疗。
	深黄 浓缩式的尿液，表示全身水合不够，必须立刻治疗。
	黄 轻度浓缩式的尿液，必须仔细监控，如果有其它征象的话，必须马上治疗。
	淡黄 轻度稀释的尿液，如果没有肾脏疾病的话，表示全身水合足够。对于生病／受伤的猫咪来说，这种颜色的尿液是我们努力的目标。
	几近透明的黄 稀释的尿液。如果没有肾脏疾病的话，表示全身水合度佳。对于虚弱或有生命危险的猫咪来说，这种颜色的尿液是我们努力的目标。但要注意过度水合的危险，继续保持这个颜色（在医疗照顾下）
	近乎透明 尿液严重稀释，危险。唯有在医师监视下，这种稀释状态才是能被接受的。

断奶期的猫咪幼儿（3周到8周）

幼猫出生三周后，便可以步履蹒跚地到处探险了，这个时候的小家伙也进入了断奶时期。这个时候，苏格兰折耳猫的耳朵就开始有变化了。

断奶食品：断奶期间，我们要逐渐给猫咪们增加一些固体食物，刚开始可以先将猫咪专用奶和幼猫的猫粮混合喂食，再逐渐减少奶水的供应量。而猫咪在不摄入奶水后，水分的摄取也会减少，这就需要我们准备新鲜的饮用水来给它们补充水分。

这个时期，猫罐头和妙鲜包等湿软的食物也可以给小猫们解馋之用，但不要当做主食，过多的软食对猫咪的牙齿可是没有好处的。

可以给小猫洗个澡了：初生六星期内的小猫尽可能之下切勿洗澡。如必须清洗请预备好所有用品及洗澡地方，小心绝不能令小猫着凉。

1.洗澡前不能吃得太饱，恐事后呕吐

2. 预先准备好暖水袋及干净毛巾。

3.温暖适中的水两盆（先行用手试水温）

4. 选择不刺激眼睛和皮肤的幼猫专用浴液。

5. 洗澡的地方须掩上门窗，保持室内温度，洗澡后，尽快让小猫的身体干燥起来。

6. 洗澡后之小猫会很困，须立刻放回干净窝内及多加留意。

7. 睡醒后先喂小猫喝少许暖开水，待5~10分钟后才可喂断奶期食品。

8. 要让水进入它们内扣的耳朵里，没有清除干净的水容易引起耳朵发炎。

成长期的猫宝宝（2月龄到6月龄）

定时定点开饭

定时：每天在固定的时间喂食，养成良好的吃饭习惯。

定量：饭量不要忽多忽少。随着猫咪年龄的增加，在某一段时间里(一般是三、四个月的时候)小猫的饭量逐渐增长，到八个月以上就保持稳定了。

定点：猫的食盆和水盆要放在房间的固定地方，不要移来移去的。

在玩耍中健康成长

淘气的小猫虽然娇憨可人，但是，我们也不能完全做事不管，因为我们的家里有太多东西对小猫来说是很危险的，比如下面这些东西就最好不要让你的小猫当成玩具，从小养成好习惯对猫咪和你来说都是一件好事。

1.毛线团，杂乱的毛线会缠住小猫的身体，而很可能缠紧慌乱而挣扎的小猫，发生危险。

2.电线，万一触电或造成电器短路起火，可不是什么好玩儿的事儿。

3.你的手，小家伙很容易把你的手弄破，养成习惯后，抓咬家里的客人就更不好了。

在小猫试图玩这些东西的时候一定要严厉地制止！必要的时候可以拍它的头以示惩罚。等它们长大以后再来教育可就来不及了，它们可能还会因为你的责骂而生气哟。

带小猫去注射疫苗

当身体健康的幼猫到达2月龄的时候，它们就可以注射疫苗了，定期注射疫苗可是主人们不可推卸的责任，它们

可以让你的猫咪原理严重的传染病的威胁。给猫咪注射疫苗前，你最好带猫咪做一次全面的身体检查，因为，只有健康的猫咪才能接种疫苗，正常的幼猫的提问应该再38～38.5℃（成年猫再38℃左右），如果超过38.7℃就是不正常现象了。

现在我们的猫咪注射的大多都是猫三联苗，它们可以预防的传染病是：

猫瘟：也叫猫泛白血球减少症活猫转染性肠炎（Feline Panleukopenia)

猫病毒性鼻气管炎：也叫猫流行性感冒(Feline Rhinotracheitis)

猫杯状病毒感染症：也叫猫卡利西病毒感染症(Feline Calici Viral Disease)

目前国内比较常见的进口的三联疫苗牌子有英特威（弱毒苗）和富道（灭活苗）。

同时，也可以选择注射猫五联疫苗，除了以上传染病，五联还可以预防：

猫白血病(Feline Leukemia)

猫披衣菌肺炎(Feline Chlamydial Pneumonitis)

小猫接种疫苗的正确程序

幼猫2月龄时第一次注射。

第一次注射3～4周后，进行第二次接种。

此后，每个一年需要追加接种一次。

疫苗接种后7天左右，才能产生一定数量的抗体，因此，刚刚接种的猫咪，并非处于安全的境地，依然特别需要远离各种病原。另外，猫咪在接种疫苗后一周内，最好不要急着洗澡，以防引发感冒而影响免疫的效果。

成年猫咪的喂养

健康食谱

猫咪的营养需求

首先我们应该知道，猫咪们和人类和狗儿们不同，它们是天生的肉食主义者，在它们的食谱中，肉类是永远不能删除的。这种肉食性的小动物，对蛋白质的需求是人类的5倍，除此之外，它们所必须的营养还包括脂肪、矿物质和各种维生素和微量元素。对猫咪们来说，还有一种氨基乙磺酸的物质非常重要，如果缺少了这种元素，很可能会导致猫咪失明，而这种物质只有从肉类中才能摄取。

相反，猫儿们对素食的需求就没有这么迫切了，它们除了偶尔需要嚼些猫草帮助吐毛球外，几乎可以不用食用其他蔬菜，而它们身体力所需要的维生素C则可以在它们的体内自行合成。

它们的食量

一只成年的猫咪只需要早晚各喂食一次即可。每次的喂量约相当于猫咪头部的大小，但是，像英国短毛猫这样不爱运动的小家伙，可以适当少给一点。喂猫是应该严格遵守定时、定量的规定，猫咪吃完饭后，最好立即清洗餐具。

如果你的柯尼斯卷毛猫朋友随时随地都能找到东西吃，又恰好不愿意活动的话，你不久就会发现你真的拥有肥胖的东方体型的猫族了。对你来说，胖胖的小家伙也许很可爱，但对它们来说，胖得连走到厕所都要喘粗气，可不是什么福气。

它们的食谱

除了严格遵守喂食量和时间外，对饲喂的粮食也需要精挑细选，一般来说，它们的菜谱大致包括一下几道。

1. 干猫粮

如果你是天生的猫咪营养家，又恰巧有时间天天给它们特地调配，自己给猫咪准备食物也并不是不可以，但是，选择一款合适的、由猫粮厂家调配好的猫咪干粮无疑是一个即省事，又能保证猫咪健康成长的好办法。

这一点也得到了大部分兽医和猫咪繁殖者的认同。干粮不但能让猫咪们摄取均衡的营养，而且饲喂起来非常方便。硬度适中的干性猫粮，还能对猫咪的牙床产生有利的刺激，帮助它们预防牙结石的产生。

而由于干猫粮中的水分只占10%左右，所以，你还必须给猫咪们准备新鲜的水，来维持它们体内的水分摄取。

对猫咪们来说，干猫粮惟一的缺点可能就是它们实在不如猫咪的罐头和自家食品那样多样和诱人，为了不让猫咪们因腻烦而绝食，我们还必须给它们的食谱中加些“菜”。

2. 猫咪软食

营养美味质量可靠的猫软食，能有效帮助你脱离自制猫咪大餐或者硬要从自己嘴里往外掏食物给它们的苦海。市面上常见的猫软食有罐头和妙鲜包，并有各种口味可供选择，足够让你家的小馋猫爱不释口。

然而，猫软食再好，也不能当做主食来吃，因为，看起来食料多多的猫罐头，营养并不如单调的猫咪干粮丰富，猫软食中所含的水份大约在70%左右，而干粮中的水份仅占10%。这不光意味着猫软食不如猫干粮实惠，还意味着，你的猫咪需要吃下更多的猫罐头和妙鲜包才能满足自身的营养需求，这就意味着，它们的肚子需要撑得更圆才能装下这些食物。而且经常吃软食的猫咪们的牙齿得不到锻炼和清洁，还更容易患上牙齿和牙龈疾病。

因此，最好的办法还是用干粮作正餐，用软食作主菜，才能保证猫咪的饮食即健康又美味。

3. 自家食品

自家食品并不是毒蛇猛兽，决不能让猫咪沾染，只要我们精心的选择和加工，有些食物对猫咪来说也是很好的加餐。但必须注意的是，人类的一些饮食习惯确实不适合它们，比如，调味品对它们来说就像砒霜一样危险，过咸、过辣、过酸的食物都会刺激它们的味觉，还会给肾脏带来负担。同时，像牛磺酸这种猫咪必须的营养，在人类的食物中是很难找到的。而洋葱、巧克力这类东西，往往会要了它们的命。

可以列入菜单的食物

牛肉、鸡胸嫩肉、适量的肝脏、去骨的鱼肉、鸡蛋。

不能列入菜单的食物

洋葱和葱类食物：会破坏猫体内的红血球，造成贫血甚至威胁生命

太冷或太热的食物：还会对猫咪的胃肠道造成伤害。

甜食：会让猫咪上瘾，并造成蛀牙，如果是巧克力还可能让猫咪们丧命。

带骨的鸡肉或鱼肉：无法消化会刺伤肠胃。

过多的乌贼：本身没有伤害，但食用过量会造成消化不良

太多蔬菜：蔬菜无法被它们消化，少量的可以促进肠胃蠕动，太多就成了负担。

狗粮：狗狗们的粮食根本不能满足它们的需要。同时，猫咪所必须的牛磺酸狗粮里也是没有的，相反，狗粮里过多的碳水化合物还会给猫咪们带来消化系统的问题。

健康的运动

只有健康的饮食和健康的运动相配合才能塑造出一只健康的猫咪，而运动这一条对异国短毛猫们来说可是致命的死穴，它们是天生的懒家伙。正是因为这个原因，它们在胖猫的排行榜上，总是占有一席之地。

一只正常的成年猫咪的体重应在3～8公斤左右，柯尼斯卷毛猫和美国短毛猫的体重具体在4～7公斤。如你的猫咪超过了正常体重的15%，它就有资格成为一只胖猫了。为了改变这种状况，我们除了在饮食上严格控制外，最好每天都能抽出一点时间陪猫咪们玩耍，让它们把多余的脂肪消耗掉。如果你实在没有时间天天和它们玩，也可以给准备一些自动的逗猫玩具和设计科学的猫爬架，也能帮助减掉部分肥肉。

Q 每次有朋友来我家，都会说我家的柯尼斯卷毛猫太胖了，要减肥，可是我觉得它并不胖，我该怎么办?

A：由于脸型和短毛的关系，柯尼斯卷毛猫看起来要比实际体重轻，建议你给它称称体重吧，只要体重正常，你就不用给它减肥。但是，如果你看到它纤细的四肢却支撑着一个大肚子的话，那它就是真的超重了，要帮助它减轻体重。

“恋爱”中的宝贝

由于受到营养，品种，生长环境，个体生理，心理等原因的影响，每只猫的性成熟和体成熟的时间都不太相同。母猫的性成熟时间有早至六、七个月的，也有一岁半的。公猫性成熟比母猫稍晚一些。

“恋爱”中的表现

母猫

1. 母猫发情最常见的现象是脾气变得焦躁不安，常常会大声嚎叫，叫声完全不同于平常。

2. 少数母猫发情期间也有随地尿尿的习惯。

3. 当你抚摸母猫背部或靠近生殖器的部位（例如尾巴根），母猫会屁股抬高，尾巴摆向一侧，趴在地上后脚交互踏步，这是母猫准备接受交配的姿势。

4. 养在室内的母猫，状况会特别明显，如果一直没有交配机会，那么状况会一次比一次严重，发情期可能会持续到二十天左右，而其间的间隔却会缩短。

5. 幸运的是，像美国短毛猫这样的纯种猫咪，“闹猫”时的反应会比较小，一般不会像家猫一样大声嚎叫。

公猫

1. 公猫最常见的是所谓的“遗尿”行为。这种行为本质上与排泄无关，而是一种划分领域的行为。

2. 有些公猫会想尽办法离家出走，到室外寻找生育伙伴。

结婚还是“去势”

猫咪发情时的举动往往会让人心情烦躁，想结束这种日子有两个办法，给它找个伴侣，或者给它进行绝育手术，当然两个选择都有自己的两面性，决定权在你的手中。

结婚:让猫咪们喜结连理当然也是一件好事，交配成功后，主人和猫咪还能共同享受迎接新生命的一刻，而你准备好迎接这一刻了吗。而且，猫咪除了三伏天，几乎一年四季都可以发情，而有些母猫在小猫还没有断奶的时候就再次发情了，到时候，新一轮的发情期又要开始。

绝育:如果你不打算让你的猫咪做父母，那么给猫咪做绝育手术无疑是解决猫咪发情期困扰最好的办法。

除此之外，做了绝育手术的猫咪患有各种生殖系统疾病几率也会大大降低。相反，频繁发情的母猫会发生卵巢、子宫和乳房病变，公猫则容易产生生殖器和尿路问题。绝育从根本上减少猫咪的健康隐患，并且能让猫咪从因发情而引成的紧张、烦躁、食欲下降的情绪中摆脱出来。更容易让猫咪保持健康的状态。

绝育手术的时间

猫咪性成熟之后就可以考虑为其实施绝育手术了。一般来说，6-8个月大是猫咪实施绝育手术的最佳时间，而且只要选择正规的动物医院和技术优良的兽医，10岁左右的猫咪都可以做绝育手术。尽早实施绝育手术，猫咪恢复的快，患病的风险也低。很多绝育猫咪的家长反映，较早实施绝育的猫咪更倾向于保持纯真，快乐的性格。

绝育手术的方式

绝育手术是以外科手术方式，将母猫的卵巢（生育过的雌猫还可能会摘除子宫，以减少病变隐患）或公猫的睾丸摘除。猫咪的绝育手术是在麻醉状态下进行的。成功的绝育手术术后恢复很快，不会对猫咪的健康带来任何伤害。

绝育手术后的恢复:

公猫绝育手术全过程只需几分钟，母猫也不过是半个小时的时间，术后即可出院。一般经过1-2天的恢复，猫咪就能自理（公猫当天就能恢复），经过5-7天，猫咪完全复原后，您就能和它共享美好生活了。因此，作为主人的您只需要有1-2天的时间就可以全程监护猫咪进行绝育手术了，利用双休日带猫咪手术是不错的选择。

绝育手术的费用

一般情况下，公猫：80～100元　母猫：100～150元，具体价格因医院技术和麻药的选择而不同。

猫咪不能吃药避孕

目前还没有专门为猫咪研制的避孕类药物。绝育是全世界兽医一致推荐的最佳办法。给猫咪喂食人类的避孕药是非常错误的，药物中的激素类的成分会大大干扰猫咪体内的激素平衡，经常服用会引起很大的不良影响，甚至是肿瘤。

婚礼的最佳时机

母猫发情后的第二天晚上，是最适当的配种时间。猫配种喜欢在夜间进行，不愿让人看到，也不喜欢灯光。因此，配种时不要到近处看，主人可在室外通过窗子察看，周围要保持安静和黑暗。配种时要把雌猫放到雄猫的笼子里。如果雄猫和雌猫从未见过面，在配种前要先把装雌猫的笼子放在雄猫的笼子旁边，让雄猫和雌猫亲近，当它们彼此熟悉后，再把雌猫放到雄猫的笼子中去。

猫咪准妈妈的照料

猫妈妈的怀孕期约为62～69天，而怀孕的征兆在交配三周后便可以察觉了。对于一个准猫妈妈来说，这个时候真正的孕期周记就开始了。

准妈妈的周记

第3周：猫的乳头膨胀，呈粉红色。这是怀孕的最初征兆。这个时候，由于受到激素的影响，猫妈妈的毛发会更加顺滑和光亮，食欲也会变得很旺盛。

猫很少会“呕吐”，交配后4-17天时会出现轻度呕吐，对食物的喜好也有所变化，基本上持续2-3天就没事了。

4～5周：猫的腹部开始明显鼓起，而且，由于变大的子宫压迫到膀胱，猫咪还会出现尿频的现象，这个时候母猫也会变得很嗜睡，食量也会增加到怀孕前的两倍。但这个时期的母猫极易流产，所以不要让人乱摸它的肚子，或是让它进行剧烈的运动。

7周后：猫妈妈的肚子更为明显，乳腺张开。体重比平常增加1～1.5公斤，动作也稍显迟钝。再过一段时间，它就要迎接宝宝的到来了。

准妈妈的孕期食谱

怀孕期的母猫需要更丰富的蛋白质和钙。

猫妈妈在胎儿开始发育4周时，会突然的食欲旺盛。对于有食欲的猫妈妈，我们可以增加一倍的食物量，但一次不能给太多，要分3到4次给完。除了满足猫妈妈的营养需求外，食物中要含有丰富的胎儿成长所必需的蛋白质和钙，像适量的肝、瘦肉、蛋、牛奶、奶酪、鱼干等都要以新鲜、易消化的为宜。选择市面上专用的怀孕期猫粮也是个方便的方法。

不管给猫吃什么，都不要选择难以消化或者不洁的食物，因为怀孕期如果有严重的腹泻或者便秘的现象，导致腹部过渡用力，都会导致流产。所以注意不要饱餐或出现消化不良。如果出现上述症状，要立即和医生和宠物医院联系。

帮准妈妈最好分娩准备

温暖安全的产房：分娩前两周，母猫就开始在家中四处寻找生产的地方。这时就要为其预备产房，让猫妈妈安心待产，另外，准备产房除了猫咪本身有此需求外，也是防止它自己找到的产房就刚好就在你的床上，让你措手不及，或是隐蔽得让你找不到。我们可以选择市面上购买专用的产箱。自己用纸箱或瓦楞箱制作，也很方便、快捷，而且还包含了你的爱心哟。

首先，宽度要以母猫躺下后绰绰有余为宜，太窄可能会导致猫宝宝窒息。深度以没过其身体为宜，否则猫宝宝很可能会从箱子里滚落。在猫方便出入的地方开一个口。箱底铺上几层报纸，上面在铺上柔软干净的碎布就可以了。产箱要放在猫妈妈最喜爱和习惯的地方，最好选择是少有人出人的稍微暗一点的地方，如果是冬天还要选择温暖的地方。产箱在预产期而2周准备好，使母猫有一个习惯的过程。而且，为了减轻母猫的负担，把厕所和水盆也移到产箱附近。

接生工具：毛巾数条、消过毒的剪刀、棉线、纱布、卫生纸纸等。

留心观察：细心观察母猫每日的状态，母猫临产时，主人要减少外出的次数，每天检查猫的阴部。另外考虑到可能会难产，要经常和医生保持联络。

猫妈妈分娩了

分娩的预兆

临近分娩，母猫会变得很不安。总爱蹭着主人的腿撒娇，乳房膨胀，乳头处有乳汁渗出。突然间没有了食欲。当猫咪阴部出现透明的白带时，不能再让猫外出。主人也要尽量守着猫。临产时，体温会降至37℃左右，所以冬季要注意保暖。

有的固执的猫妈妈会选择壁橱或沙发底下生产，而不是在你准备的产箱而到。所以要事先把那些不想猫进去的地方、出现紧急情况无法帮忙的地方堵起来。

阵痛开始

阵痛开始在出现混有粉红色血丝的白带前后，由轻慢慢加重，间隔越来越短。阵痛来临是，母猫四肢和全身抽搐，憋气用力。如果猫妈妈愿意让主人接近，在它们阵痛期间，主人可以用手，顺着猫咪的胸口至肚子的方向，轻轻抚摸它紧绷的腹部。抚摸的动作主要是为了让猫妈妈安心，让它们能够顺利的生产，而不是将小猫按出，一定不要用力。

胎儿出世

一般来说，猫妈妈在阵痛开始30分钟到一个小时内，就会产下第一只幼猫。伴随着一阵剧烈的疼痛，小猫先露出裹着胎膜的头来，然后顺利产出。这时母猫会咬破羊膜，开始将刚出生的宝宝舔干净。宝宝感应这种爱抚开始呼吸，发出微弱的叫声。而后，母猫咬断脐带，将胎盘吃光。而刚出生的猫，在身体尚未干之前就能找到母亲的乳房，开始吃奶了。

在顺利产下第一胎后，再经过4到30分钟后，阵痛会再次袭来，猫妈妈会开始产下第二胎，直至所有的小猫都安全出生。

协助分娩

分娩的过程虽然辛苦，但大多数情况下，猫妈妈都能自己应付，因此我们最好静静地守护和见证这一刻的来临，不要过多的插手，而不是打扰它们。当母猫真正需要我们帮助的时候，主人才能参与猫咪们的分娩过程。

首先，母猫如果食用过多的胎盘，会引起腹泻，所以最多让母猫吃3个。剩下的胎盘要及时处理掉。

如果猫妈妈没有及时把小猫的脐带咬断，脐带可能会绞在一起，或勒住小猫的颈部而造成窒息的危险。这时，我们可以用棉线在离小猫肚脐1厘米的地方绑紧，然后，用消过毒的剪刀在离小猫腹部2到3厘米处将脐带剪断。注意，千万不要用力拉扯脐带，

遇到紧急的情况，一定要及时和医生联系，特别是在出现以下情况时：

分娩过程中阵痛减轻，呼吸变弱，母猫昏昏欲睡，1个小时后，宝宝仍未出生。

胎儿太大，可能要实行剖腹产。

羊水破的太早，可能会难产，赶快和医生联络。

胎儿逆产（脚下头上）。

出生的幼猫出现假死状态。

柯尼斯卷毛猫是个好保姆

TIPS 柯尼斯卷毛猫是个很热心的猫咪，如果家里有其他猫儿生了小猫，它们会很乐于去帮忙招呼，它们总会好奇地去看小猫，但这样往往会让刚刚分娩的猫妈妈心情烦躁，因此，还是不要让其他猫去打扰猫妈妈吧。

哺乳期新妈妈的月子计划

给妈妈宝宝一个自由的空间

宝宝全部开始吮吸乳汁时，就可暂时松口气。我们最好能给猫妈妈和宝宝一个自己的空间，相信猫妈妈能照顾好它的孩子。不要因为过渡担心幼猫，或者只是觉得猫宝宝太可爱，就频繁靠近产箱观看。我们过度的干涉，会使得猫妈妈因为紧张宝宝，而大费周章地将它们叼离产箱，另觅住处。

如有的宝宝吃不到奶的话，我们要帮它靠近乳头让其吃奶。母猫偏爱身体强壮而活泼的宝宝，而冷落身体柔弱的宝宝。对这样的小可怜，我们最好特别照顾，采取人工哺育。

检查猫妈妈的身体状况

最需要注意的是母猫的体温的变化，因为体温会告诉我们猫妈妈是否有感染。一般母猫在生产前体温会下降，但生产后体温应回升至38～39℃，少许的体温上升应该属于正常范围，但如果超过39.5℃则要注意了，这意味着可能被感染，应随时进行监控。

为母猫提供营养丰富的食物

顺利产子后的母猫，筋疲力尽，一定会开始蒙头大睡。为了给猫妈妈补充流失的能量，我们需要它准备营养丰富的食物，保证充足的奶水。

饮食量可增至平常的2-3倍，必要时可增加喂食的次数。在哺乳期，母猫依然要多吃点鱼干、奶酪等含钙丰富的食物。

保持卫生

猫妈妈和宝宝的房间一定要保持清洁和卫生，我们可以在猫妈妈进餐的时候帮助它们把产箱打扫干净。最好每天都更换所铺的报纸和衬布。

至于猫妈妈，它们会自己舔阴部来杀菌，短毛猫虽然更容易打理，但是有些没有经验的异国短毛猫妈妈也会有处理不好的情况发生，这时候我们要用药棉蘸温水帮其擦拭。乳头周围也需擦洗干净。

Q 我家的美国短毛猫就要生产了，有人和我说猫生产的时候要把毛减掉，是这样吗？

A：这基本上是对于长毛猫而言的，可以事先把肚子上和后腿上的毛剪掉一部分，以免影响生产，已经方便刚出生的小猫顺利的找到乳头。对于短毛猫来说，则没有这个必要。

老年猫咪的快乐生活

家养猫十岁以后，就进入了生命中的老龄期。猫进入老龄后，和人类进入老龄类似，它们的牙齿会脱落，嗅觉也会衰退，由于胃肠消化吸收能力下降，它们的食欲也会不如前，所以老龄猫不太容易保持其正常体重，大部分猫变得消瘦。由于精力衰退，它们会花上更多的时间来倒头大睡，而对于美国短毛猫这样活泼的小家伙来说，它们会很反常地整天都在睡觉了。这个时候，千万不要产生马上养一只新猫来代替它的想法，这样会给猫咪本已步入老年的生活带来更多压力，我们最需要做得是给它们一个安逸快乐的晚年。

猫咪衰老的表现!

1.食量减少：老年猫会明显变得倦怠，缺少活力，不愿多活动。这是因为新陈代谢减慢的缘故，而身体对能量的需求也会随之降低，所以老年猫的食欲和食量会明显减少，体重减轻。

2. 听力下降：有的老年猫渐渐变得对主人的呼唤没有反应，有时会无缘故地大声叫，这是因为猫咪的听力正在逐渐丧失。如果已经发生，这将是不可逆转的事实，猫咪也会因此而十分痛苦。假如在它还是只小猫的时候就能坚持每周用洗耳水清洗耳道，这种老年失聪的情况会得到很大改善。

3.脱毛严重：猫咪全身的皮毛变得又薄又干，有脱毛现象，同时眼球变得浑浊。这是因为猫咪体内的维生素和微量元素正在大量流失。

4. 动作迟钝：猫改变了以前的梳毛习惯，饭后不再洗脸了。老年猫对冷和热的耐受力不如从前了，睡眠质量也有所下降，不容易沉睡。有的猫走路时变得一瘸一拐，这是关节疼痛造成的。

5. 消化紊乱：便秘、拉稀、时常呕吐。消化系统的紊乱不仅影响了猫咪的寿命，还会让它倍受折磨。有时这些器官衰退的现象不止表现在消化系统上，泌尿系统也同样会出很多问题，比如很多老猫会在自己的窝里撒尿，当它改变了排泄习惯，找不到砂盆时，它也许就快要走到终点了。

给老猫健康的饮食

年纪大了的猫咪不再像年轻的时候那样好动和健壮，它们需要的蛋白质和卡路里也减少了，她们的消化吸收的能力也下降了。为了保持它们的健康，给它们提供专用的老年猫的猫粮很方便。然而一个健康、活泼的老年猫咪未必需要更换猫粮，而且，突然给猫咪们换猫粮也很可能会引起它们的肠胃不适，因此在换粮前，先和宠物医生讨论一下猫咪的身体情况，需要的时候再换猫粮。

老年猫咪中十分普遍会患有牙齿疾病，这将影响到猫咪的进食。给老猫们准备软的食物可以使老年猫咪消化吸收容易些。对于食欲差的猫咪，高营养密度的食物能以很小的质量提供很多的营养。如果可以的话，给老年猫咪们做个全面的牙齿检查也是很有必要的。

保持猫咪进食以维持体重不变，对一个老年猫咪来说永远都是重要的，而肥胖可是老年猫咪的最重要的健康杀手之一。

另外，多给老年猫咪们提供干净的饮用水也是非常必要的，它们能帮助平衡猫咪体内代谢，帮助它们减轻肾脏的

负担，而肾病也往往是老年猫咪的多发疾病之一。

让你的老猫舒适的生活

1.每年定期带猫咪去医院检查尿，血液和粪便。

因为老年猫运动量明显改变，会使消化能力和肝肾的过滤解毒功能发生改变。老年猫最容易得肝硬化，脂肪肝和肾病，这些内脏疾病初期没有明显的症状，从日常生活中不易被发现，等到有了明显的表现时，往往已经无法治疗了。所以及早发现问题可以减轻猫咪的痛苦，也便于治疗，千万不能有侥幸心理。

2.适当的按摩会让猫咪很舒服。

关节痛是高龄动物的通病，就像人老了会觉得腰酸背疼腿抽筋一样。在猫休息时尽量多地为它按摩肌肉，活动四肢关节。

3.老猫的牙齿问题需要特别注意。

大量的牙结石会使牙齿松动脱落，要常常观察猫嘴里有无掉牙，掉牙的口腔和牙龈上有无溃烂。牙周发炎如果不及时治疗，会引发全身的感染。长期的食欲不振，也可能是因为猫咪的口腔不适造成的。主人多给猫增加些软的食物，不要再强迫它吃定量的干猫粮。

4.维护猫咪自尊心！

老年猫咪很容易有压力和失落感，并且变得爱嫉妒。此时家中最好不要再添新的宠物。在家里多摆些绿色植物，可以大大地缓解猫的压力和紧张感。

由于老年猫肌肉萎缩和关节不适，它已经无法像年轻时那样敏捷自如地跳跃了。如果猫咪仍然喜欢跳到高处，请为它铺设一些踏板或台阶，以维护它的自尊心，并且可以避免不慎摔倒，引起骨折。

不要再用强硬的语气训斥猫咪，尽可能的多注意它，与它说话和抚摸它。你们已经共同度过很长一段美好时光了，请继续让它感觉被爱与被需要。

困扰老年猫咪的疾病

白内障：可用外科手术将不透明的部份去除，可使之重新获得视力。

眼睛虹膜萎缩：不会有视力的影响，一般情况也不须治疗。

耳聋：为确保安全，应让猫一直待在屋内，只有在严密的监控在才能带它外出。

糖尿病：糖尿病最常发生在7岁以上的猫，其形成原因是由于缺少胰脏荷尔蒙（即胰岛素）。最常发生在肥胖的猫或已阉割的公猫。

心脏病：若心跳速率每分钟低于100次，或在休息状态心跳速度高于160次，或稍微活动时心跳次数高于200次，或心跳速率不规则，或心跳次数与脉不相符时，就要请兽医为猫咪作检查了。

肿瘤：随年龄增长也会增右肿瘤的发生率。

肾脏病：老猫因年龄的关系，或在早期患有隐藏性尿道疾病，使得肾脏功能衰退。

牙结石和齿龈疾病。

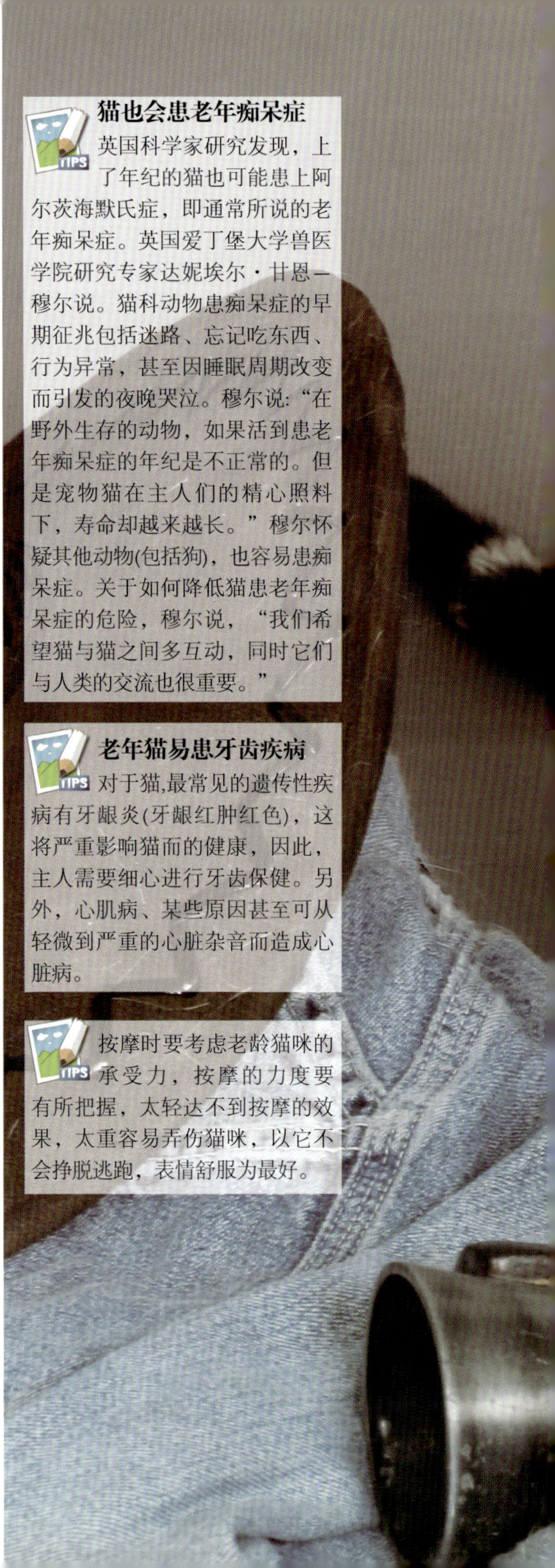

猫也会患老年痴呆症

TIPS 英国科学家研究发现，上了年纪的猫也可能患上阿尔茨海默氏症，即通常所说的老年痴呆症。英国爱丁堡大学兽医学院研究专家达妮埃尔·甘恩—穆尔说。猫科动物患痴呆症的早期征兆包括迷路、忘记吃东西、行为异常，甚至因睡眠周期改变而引发的夜晚哭泣。穆尔说："在野外生存的动物，如果活到患老年痴呆症的年纪是不正常的。但是宠物猫在主人们的精心照料下，寿命却越来越长。"穆尔怀疑其他动物(包括狗)，也容易患痴呆症。关于如何降低猫患老年痴呆症的危险，穆尔说，"我们希望猫与猫之间多互动，同时它们与人类的交流也很重要。"

老年猫易患牙齿疾病

TIPS 对于猫,最常见的遗传性疾病有牙龈炎(牙龈红肿红色)，这将严重影响猫而的健康，因此，主人需要细心进行牙齿保健。另外，心肌病、某些原因甚至可从轻微到严重的心脏杂音而造成心脏病。

TIPS 按摩时要考虑老龄猫咪的承受力，按摩的力度要有所把握，太轻达不到按摩的效果，太重容易弄伤猫咪，以它不会挣脱逃跑，表情舒服为最好。

美容手册（日常美容护理问题）

梳理猫咪的被毛

猫咪和女人们一样，喜欢把大把的时间都花费在整理自己的外表上，因此，你经常会看见它们在阳光下细心舔舐自己的身体，它们还会把相互舔舐身体的活动当成是日常的交往礼仪来进行。因此，主人们定期给猫咪们梳理身体，不但能够让它们的被毛更健康，还能让小家伙们感到幸福和满足，能让你们的感情更加牢固。

短毛猫不需要每天梳理，因为它的毛比长毛猫的被毛容易管理。因此，每周为短毛猫梳理两次，每次花半小时就足够了。其实，有些人认为，如果给短毛猫每周梳理超过两次，它可能就完全不再自我梳理。如果你没有时间给它们梳理，用自己的手指代替梳子，每天给予它们温柔的爱抚也是个好办法。但是对于美国短毛猫和柯尼斯卷毛猫来说，它们的被毛都是非常厚的，在换毛期，底部的绒毛不容易梳理，因此，这个时候，最好每天都替它们梳理，这样可以保持被毛亮丽并且去除死毛。

准备用品：

您需备有一把金属密齿梳、一把软毛刷或橡皮刷。另外，您还可以准备一些可搽在毛上的月桂油促进剂（适用于各种毛色），和一块磨亮毛用的绸子、丝绒或麂皮。

开始梳理：

1.用一把金属密齿梳，顺着毛由头部向尾部向下梳。梳理时找找看有无黑色发亮的小粒，那就是跳蚤。

2.用一把橡皮刷子，沿着毛的方向刷。如果您养的是卷毛猫，这种刷子不可少，因为不会抓破表皮。

3.某些品种的短毛猫，您最好用质地柔软的毛刷，而不用橡皮刷。同样，也是顺着毛的方向刷。

4.如果你的猫咪要参加比赛，在梳刷完以后，可以搽上一些月桂油促进剂，可以清除毛上的油脂，使毛色光亮。最后，用一块绸子、丝绒或麂皮，把被毛“磨亮”。在两次梳理的间歇时间，用干净手顺着毛的方向轻轻按摩也能保持毛的光泽。

Q：我家的柯尼斯猫很不喜欢我给它梳毛，每次梳，它都要愤怒地咬梳子，我看人家的猫都很喜欢梳毛了，我家猫怎么了？

A：很可能是你的梳子出了问题，梳毛对猫来说应该是一种享受，如果它很厌烦梳毛，很可能是梳子让它感到不舒服，柯尼斯卷毛猫的卷毛非常贴身，很可能是过硬的梳子梳疼了它们。你可以换一把质量好一些的梳子试试，或者干脆用柔软的刷子代替。经常用手去抚摸它们的被毛也会让它们感觉很舒服。如果它还是如此，就很可能是身上的某些部位不舒服，所以不愿意让你碰，这就需要去医院检查了。

怎样给猫咪洗澡

猫天生就是爱干净的小家伙，整洁健康的身体能让它们的心情更加愉悦，一般来说，猫咪们自己会梳理和清洁身体，一些短毛猫们一年也没必要洗几次澡，但如果是长毛猫或是脏到一定程度的小家伙，就需要我们来给它洗个澡了。

虽然，大多数猫咪的都不喜欢被扔到湿漉漉的澡盆里洗澡，但洗澡不只是为了清洁、美观，而且有防治体外寄生虫、皮肤病，还有促进血液循环、新陈代谢等健身防病的作用。因此，要让猫从小就养成洗澡的习惯，这样，每次的洗澡过程就不会像战争一样了。

给猫咪们的特别护理：

1.一般来说，柯尼斯卷毛猫和美国短毛这样的短毛猫能够自行清理自己的毛发，必要的时候几个月洗一次澡就足够了。

2.清洗前，要彻底给猫咪们梳理被毛。

3.把猫放入水中，从尾部至头部逆向按摩猫咪，然后按毛发生长方向按摩猫咪全身。

4.用猫用洗护浴液倒在手中，揉出丰富的泡沫后，奉承数次揉搓到猫咪的被毛上，再进行按摩。

5.用清水冲干，并用毛巾擦干净身体，特别注意猫咪的腹部。

6.马上让猫咪的身体干燥，如果它们不喜欢吹风机，你可以把它放到柔软干净的袋子里，然后再用温暖的风吹干。

7.被毛完全干燥后，再次把猫咪的被毛梳理通顺。

给猫咪们洗澡要注意？

1.室内保持温暖，防止猫着凉引起感冒。如果放在盆里清洗，水量千万不要没过猫咪。

2.水温不能太低或太高，以不烫手（40~50℃）为宜，所以猫主人要特别注意替猫咪洗澡时，洗澡水温不能太热，以免造成它们的呼吸困难而在今后抵触洗澡。

3.所用的洗涤剂刺激性不能太大，最好的办法是选用猫咪专用的洗护系列，以免刺激皮肤；为防止洗澡水进入眼睛，在洗澡前，把猫的眼睛滴上油性眼药水，以保护眼睛。

4.猫健康状态不佳时不宜洗澡，6月龄以内的小猫容易得病，一般不要洗澡，6月龄以上的猫洗澡次数也不宜太多，一般以每月1～2次为宜。因为皮肤的油脂，对皮肤和被毛具有保护作用，如果洗澡次数套多，油脂大量丧失，被毛就会变得粗糙、脆而无光泽，皮肤弹性下降，影响猫的美观，还可能成为皮肤炎症的诱因。

5.没打疫苗前不能洗澡！没打疫苗的小猫抵抗力很低，洗澡很容易着凉拉稀以至造成更严重的问题，建议千万要打过两针疫苗后的两周后再洗。如果小猫很脏，可以考虑用热毛巾擦擦，或用软毛的刷子清洁。

Q：我家的柯尼斯卷毛猫看起来并不脏，是否需要经常洗澡呢？

A：实际上，柯尼斯卷毛猫确实不用经常洗澡，一般情况下最多一个月一次，之后，每周梳理一次以清除脱落老死或脱落的毛发就够了。但是，因为它们的皮脂分泌比其他猫儿丰富，因此，它们每天都需要梳理和抚摸，来帮助会为被毛带来波纹并且帮助传递被毛所需的油脂。另外，用羚羊皮摩擦会使它的毛更有光泽。给它们洗澡要特别注意，不要让它们感冒了。

猫咪身体各部位的日常护理

猫咪的眼睛

禁用人用药物，温柔清理

健康猫咪的眼睛都是清澈和干净的，但如果眼睛里流出过多的分泌物，就会使眼睛周围的毛发变色，容易在眼睛周围形成“激痕”。

这就需要我们来帮助它们清理了，我们可以用温水浸湿棉花或纱布，然后轻轻地擦拭猫咪的眼角，注意，要等分泌物变得柔软后，在小心地拭去，不要伤到猫咪的眼球。

人类使用的眼药水里可能含有类固醇物质会伤害猫咪的眼睛，其他的化学药物也可能对猫咪有害，所以千万不要使用人类的眼药水，必要时，可以根据医生的建议使用专用的猫咪眼部清洁剂。

耳朵和眼睛分泌物的特殊关系

如果猫咪眼睛的分泌物忽然增加，而眼睛又没有看出任何异样，那主人应该换个思路，看看猫咪的耳朵是不是出了问题，耳朵的疾病，如严重的耳螨、中耳炎、内耳炎等都可能间接引发猫咪眼睛分泌物的增多。判断猫咪是否有耳病也非常简单，一看，看是否干净；二闻，闻是否有异味；三按，按猫咪的耳朵根，看猫咪是否反抗，耳道生病常伴有痛感，这时的猫会非常厌恶主人碰触自己的耳朵。

猫咪的牙齿

预防牙垢，养成好习惯

猫咪们如果食用过多罐头类的软性食物，就很容易长牙垢。特别是2-3岁后的猫咪。长此下去，就会发展成牙龈炎、牙疳、牙根炎，严重的甚至会造成牙齿脱落。

避免这种情况，最好是一年要去医院清理一到两次牙垢。但清除牙垢，会对牙齿造成轻度损伤，以后反而更易长牙垢，所以预防才是最重要的。

猫成年后，对于人试图把手指伸进嘴里为其清除牙垢难免不习惯，所以，我们最好在猫咪的小的时候，就给它们养成刷牙的好习惯。

猫咪一断奶就开始训练拿手指抚弄它的牙。习惯之后，再在手指上缠上纱布，沾上生理盐水为其擦拭牙齿。也可以用专为猫咪准备的牙刷。只要每周定期刷一次牙，就能防止牙垢。吃饭时多喂它一些干硬的食物，也可起到预防的作用。

猫咪的牙齿周记

齿别	周或月龄	齿别	周或月龄
第1乳切齿	2~3周	第2前臼齿	4~6周
第2乳切齿	3~4周	第3前臼齿	4~6周
第3乳切齿	3~4周	第1永久前臼齿	无
第1永久切齿	3.5~4月	第2永久前臼齿	上颌4.5~5个月 下颌：无
第2永久切齿	3.5~4月	第3永久前臼齿	5~6个月
第3永久切齿	4~4.5月	第4永久前臼齿	5~6个月
乳犬齿	3~4周	第1永久后臼齿	4~5个月
永久犬齿	5个月	第2永久后臼齿	无
第1乳前臼齿	上颌：2个月 下颌：无	第3永久后臼齿	无

猫的耳朵

定期检查

一般情况下，猫咪可以靠自行晃动头部而将耳朵内的污垢排出，不需要特别地清洁耳朵内部，只要每月帮助它们清洁一下外耳的污垢就可以了。然而，如果猫耳上如有炎症或黑色污垢则为不正常，很可能猫咪的耳朵里有了耳螨等寄生虫，需要寻求医生的帮助。

清洁猫咪的外耳，你需要有，婴儿油或橄榄油（或者专用的清洁耳油）、小碗、棉布或棉签。

开始清洁

1. 检查猫耳。千万不可将任何东西（包括棉布头）塞进去，因为猫耳朵非常柔软。

2.检查到猫耳上油黑色污垢后，用棉布蘸婴儿油擦去耳廓里面的所有污迹。

3.清洗时小心处理。如果擦洗用力太猛，就可能使猫不舒服甚至受伤。动作轻柔，呈环式清洗。

4.如果猫咪不配合，可以用毛巾裹住猫咪的身体后进行，以免猫咪挣扎造成伤害。

猫咪的爪子

猫咪们的趾甲会不停地长，就像人的指甲一样。为了保持锋利，它们会靠磨爪子来让趾甲外层脱落。如果我们对猫咪的爪子放任不管，它们会很容易折断，如果太长的趾甲还会嵌入猫咪的肉垫中，让它们痛苦不堪，因此，猫咪们的爪子也需要我们来修剪。

修剪趾甲时，把猫固定在你的臂弯

里。要让它的背朝着你，让它没可能抓到你，或者很容易地跑掉。用你的熟练的手拿专用的指甲刀。用你的手挤压猫的脚爪，趾甲将会露出来。 右手持猫用指甲剪，将爪钩前面透明的部分剪掉，长度大约为1厘米左右，然后用指甲锉磨光滑。修剪爪子的时候不要剪太多，误伤猫脚趾的神经和血管，引起疼痛和出血的话，猫咪以后就不愿意修剪爪子了。爪子每个月修一次则可。

训导手册

培养按时按点吃饭的习惯

总得来说，猫咪们吃饭还算斯文，不会像小狗一样顶着饭盆满地跑，但是猫咪吃饭也有自己的问题。

首先，因为猫咪进食时是用舌头将食物卷入口中，因此难免会掉出一些食物残渣在饭盆的周围。我们可以在食碗周围给它们铺设垫布，以方便清理，让猫咪有干净卫生的饮食环境。

另外，有些猫咪有不定期吃饭的坏习惯，它们总是想吃就吃，看到食碗里的饭就会嚼上两口，这样很容易让它们养成偏食的坏习惯，还很可能引起猫咪肥胖，而且，如果有一天猫咪们在自己的碗里找不到东西吃，还很可能跳上你的饭桌寻找吃的，不管这天饭桌前是不是坐满了重要的客人。

因此，我们一定要给猫咪们养成定时定点的饮食习惯，让它们知道，只有此时此刻是可以进食的，如果猫咪有跳上餐桌或者扒着你的大腿乞食的行为，一定要立即坚定地呵斥，并它们赶走，千万不能教官这些小家伙。

让猫咪认识猫砂盆

正常情况下，猫咪们不会随处大小便，因为它们也不喜欢臭烘烘的环境，但是，刚刚来到你家的猫咪并不知道哪里才是正确的排泄地点，为了不让它们在你刚刚洗好的衣服上解决问题，我们需要及时告诉它们“厕所在哪儿”，而

这个最理想的厕所就是猫砂盆。

训练猫咪在猫砂盆里排泄的最好时机，是在猫咪的断奶期（3到8周的），如果有母猫叫道，幼猫会自然学会排泄，而刚刚领来的小家伙就需要我们的指导了。

如果你发现原本正在玩耍的小猫，突然出现在原地转圈或者在角落闻嗅情况，就代表它们要便便了。这是，你可以把它们放到猫砂上，让它们闻到这里有它们日常排泄的味道（味道不能太浓），然后静静地等待它们排泄。

如果它们顺利地在猫砂盆排便，一定要奖励它，你可以一边轻轻地抚摸它的身体，一边轻声夸赞它。相反，猫咪在错误的地方排便，你一定要当场坚定地告诉它“不对”，如果错过了批评的时机，猫咪就无法了解你为了什么而责骂它。

不在家具上磨爪子

刚开始，你也许还会为一只小猫调皮地挂在窗帘上而大笑不止，然而你决不会一辈子都能容忍一只成年猫咪依然在你的家具上制造各种爪痕。然而，对猫咪而言，磨爪子是它们每天的例行公事，我们没办法泯灭猫咪的天性，但是我们可以给它们找个不会苦恼的磨爪子专用家具——猫抓板。

磨爪子的训练可以在猫咪出生后2个月开始，当我们发现幼猫有磨爪子的行为时，就可以把专用的猫抓板放到它们面前，时间长了，猫咪们会很乐于在上面磨爪子，如果是加了猫薄荷（让猫咪兴奋的植物）的猫爪板，它们会更加爱不释手。

同样，如果猫咪在错误的地点磨爪子，要立即禁止，必要时也可以用市面上的“禁区喷剂”来训练，在不想要猫咪靠近的地方喷射，猫咪会因讨厌这种气味而远离这些地方。同样，猫咪作对了，要马上表扬，千万不要吝啬你的夸奖。

让公猫不再到处喷尿

小公猫长大成年，学会了到处喷尿，给主人制造了一个不大不小的麻烦！喷尿主要原因多是发现了其他猫咪的踪迹，为了标示出自己管辖的生活区域，咪咪会把家里它最想占为己

有的东西留下自己的味道，于是窗帘、沙发等家具，便成为最常遭受洗礼的东西。

猫咪一旦养成四处乱尿尿的坏习惯就很难戒掉，所以主人一定要及早纠正这种行为。

结扎后的猫比较不会喷尿作记号。结扎后的公猫，约有百分之九十的比例不会再喷尿，母猫更达到百分之九十五的改善程度。兽医们建议主人，当小猫到达六个月龄大时，就可让它们做结扎手术。

怎样表扬它们

基本上，对待这些小家伙，就和教育一个不懂事的孩子，表扬永远必惩罚要来得实际些，只要猫咪知道这样会令大家高兴，它们就很乐意这样做。

表扬猫咪的时候，你可以用“好乖”、“好孩子”、“真棒”这样的词语，配合语调和爱抚来奖励它们，它们会从抚摸和声调中知道你传达的意思。必要的时候还可以抱抱它们，或是给它们一些好吃得。

怎样让它们知道做错了

基本的方法就是用声音和语气斥责它们，如“不行”、“不对”等等词语，语句一定要简短，过多的话只会让它们迷惑。

对严禁的行为，我们可压住猫咪的头部或背部，轻轻地拍击它们的头部，但绝对不能体罚，这样很可能使猫咪胆小、畏惧人类、或者产生严重的暴力倾向，这都是猫咪主人们不希望看到的。

如何纠正猫咪的错误行为

TIPS 对猫咪的训练，最基本的一条就是，如果猫咪做错了，一定要坚定地制止；如果猫咪作对了，要马上表扬，这需要主人有超强的信心，坚持下去，猫咪一定会成为一只懂规矩的、人见人爱的小家伙。

Q：我家的小美国短毛猫很淘气，总是喜欢跳上我的床，我教育了它好多次，就是不改？

A：当你在家的时候，你会时刻警惕着不让猫跳上你的床，当你外出的时候，猫还是会跳上去的。此外，它也不会明白为什么白天它自己在家的时候可以随便到床上睡觉和玩耍，但是一到晚上间就不可以上去了。因此，当你不在家的时候最好把卧室的门关上，不让它进去。

4

如果你的猫生病了，那么一定要找医生帮忙，而作为主人，我们的任务当然是让它们尽量让它们不生病。别担心，柯尼斯卷毛猫和美国短毛猫都是精心繁育的品种，并不是“小心轻放”的产品。让你的猫保持健康状态，“猫咪健康宝典”会派上用场。

猫咪健康宝典

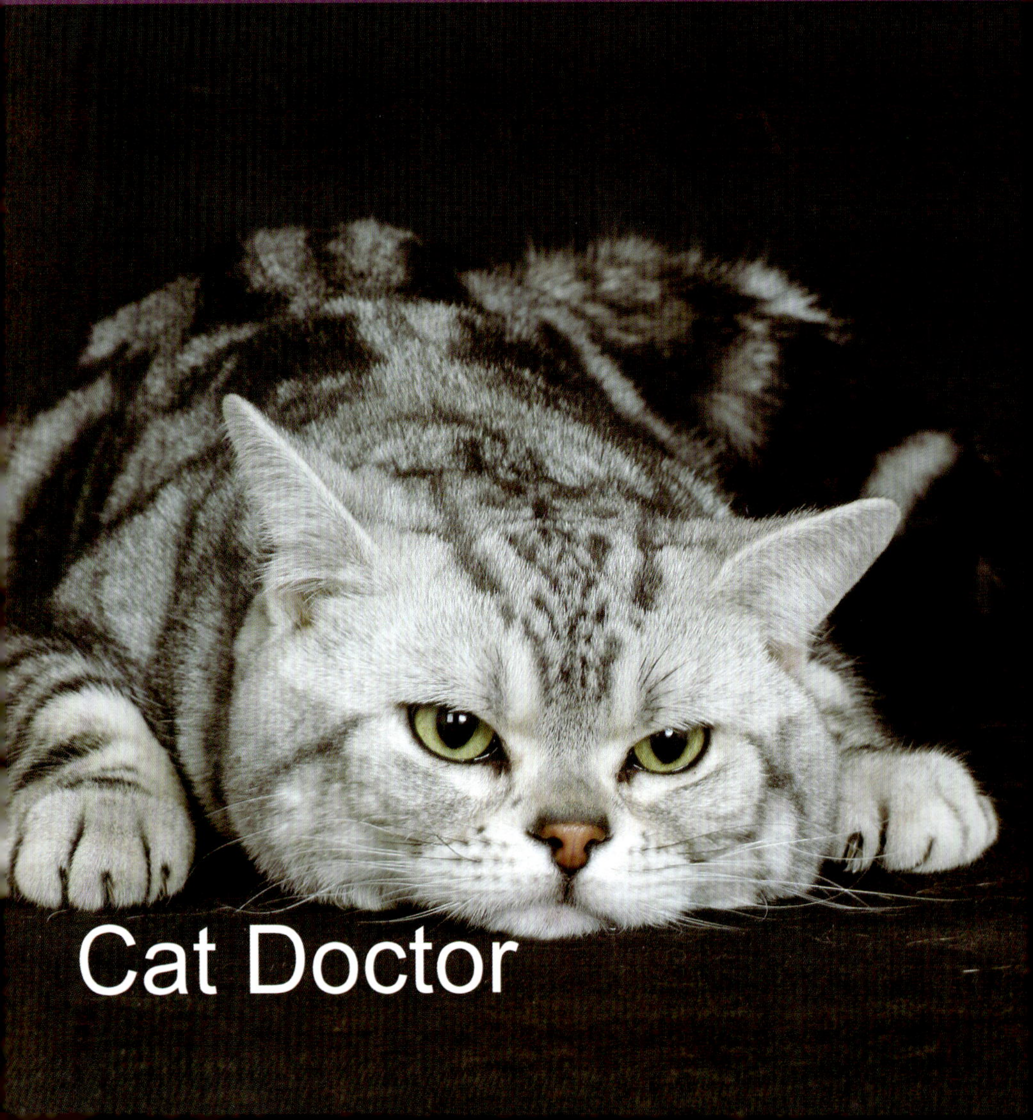

Cat Doctor

猫咪的健康指标

要想知道你的猫咪是不是身体不舒服，我们首先要知道，什么样的猫咪的才是健康的。猫咪虽然不能自己告诉你它哪里不舒服，但是猫咪的健康状态可以通过细心的观察判断出来，鼻子和体温是最简单的判断方法。

一般说，健康的猫咪体温应在38.7℃左右，但不应超过39.2℃（小猫体温略高些）。健康猫咪的鼻子应是湿凉的，具体来说，猫的正常生理指标如下：

体温：摄氏39度 范围：38~39.5℃
脉搏：每分钟100～150次
呼吸次数：25次/分（20~30次）
心跳：130次/分（120~140）
最适环境温度：18~21℃
（15~25℃）
最适环境湿度：50%（45%~55%）

怎样测量猫的体温？

最专业的做法是，温度计甩一下，蘸润滑油。将猫猫尾巴提起，将温度计插入肛门（注意温度计应该与猫猫身体平行插入，并保持）。小心的拿住温度计，一分钟后拿出，擦干净可以读数。或者把温度计夹在猫的后腿和腹部之间，夹紧，五分钟后读数即可。

怎样测量猫的脉搏？

在猫猫后腿内侧把脉，计算每分钟跳动的次数，应为160-240次。另外，在猫猫前肘下的肋骨部分，可以摸到心跳。

除了以上枯燥的数据外，我们还可以根据猫咪的外表来判断它们的健康情况。

眼睛

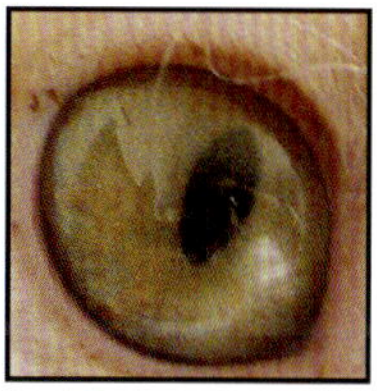

眼睛明亮，无充血，不流泪，一般来说没任何分泌物。左右眼大小一致。

耳朵

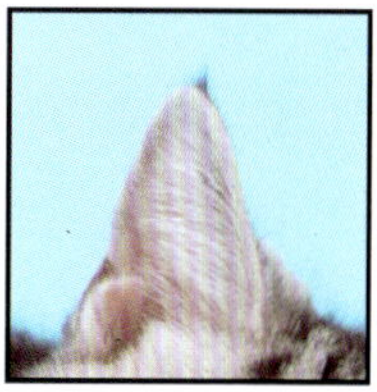

耳朵清洁，耳垢少或没有，无其它异物。健康猫在安静状态下对主人的呼唤或其它声响后应灵敏，闻声后两耳前后来回摆动。病猫或耳聋的猫对声音反应微弱或无任何反应。

鼻子

鼻前端应该是湿而凉，没有过多的分泌物。鼻子过于干燥时，说明猫可能患有热性疾病（如传染病）。不过猫睡觉时鼻子是干燥的。

口腔

口的周围应清洁干燥，不附有唾液和食物，无口臭，齿龈、舌和上腭呈粉红色，牙齿白色或微黄，不缺齿。

腹部

腹部柔软，没有明显的硬块，拥抱或轻轻按压的时候没有痛感。

皮肤与被毛

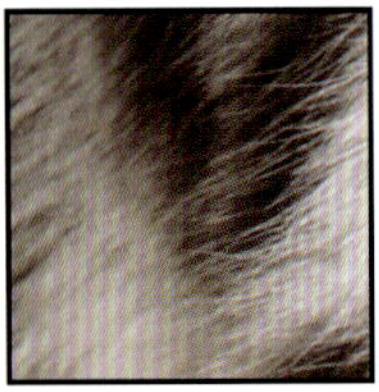

皮肤柔软而弹性，皮温不凉不热、温和适手。被毛浓密、柔软，富有光泽，无秃斑，皮肤不发红、无肿块。无虱、蚤等寄生虫。

肛门

肛门和外生殖器，均应清洁，无分泌物，附近的被毛上不应沾有粪便污物。如果污秽不堪，表明可能患有下痢或生殖系统疾病。

柯尼斯卷毛猫的温度要求

对科尼斯卷毛猫来说，它们对温度的要求更高，如果湿度出了问题，它们很容易患上感冒。因此，我们需要随时留意天气，温度最好维持在18℃以上

猫咪的四季健康自查表

1~2月　多多运动，预防发胖

寒冷的日子里，这些小家伙也会因为怕冷而懒得动，它们甚至可能一整天都呆在暖气旁边睡觉，这样很容易让你在一个冬天就培养出一只肥胖猫咪，特别是像异国短毛猫和波斯这样本身就带有“肥胖基因”的小家伙。因此，寒冷的冬天，我们也需要特别勤快一些，多花一点时间陪猫咪们运动一下，不但能够避免猫咪肥胖所引发的各种问题，省去减肥给猫咪带来的痛苦，自己也可以趁机会锻炼一下。

3~4月 换毛的麻烦和情感的烦恼

猫咪们也感到了春天的到来，开始忙着换毛了，这个时候，它们会大量脱毛，以适应温暖的夏季。因此，会有很多毛发被猫咪们舔舐而吞入腹中，太多的毛球积聚在胃中对猫咪的健康也非常不利。饲养在室内的猫咪们，可以通过进食猫草或“吐毛球膏”来帮助吐出毛球，另外，主人们也不能偷懒，经常给猫咪们梳理毛发也能够帮助它们更顺利的换毛，避免猫咪们吞下过多的猫毛。

春天也是猫咪们的恋爱季节，没有经历绝育手术的猫咪们又要经历“情感的烦恼了”，这个时候雄性猫咪会因为争夺母猫而变得好斗，尽量避免让它们因打架而受伤。

5~6月　驱虫总动员

天气暖和了，各种体内体外寄生虫们也开始活跃了，这时候，经常外出的猫咪要经常检查身体，避免猫咪们携带虱子或者跳蚤回家。而不论是外出游玩的猫咪，还是长期住在室内的猫咪都要注意驱虫了，定期驱虫能够有效地帮助猫咪远离寄生虫的烦恼。另外，注意猫咪饮食起居的卫生也是很重要的。

7~ 8月　预防中暑、小心空调病

气候炎热，空气潮湿，要注意预防热射病，即中暑。猫的体表覆着被毛，且缺乏汗腺，对热的调节功能差，故猫是怕热的动物。当外界温度过高时，特别是高温潮湿的夏季易发生中暑。因此，夏季的猫窝应放在背阴通风凉爽的地方。

另外，也不能因为贪凉而让猫咪们长期处于开着冷气的空调房中，它们也很有可能因为吹了过多的冷风而生病，如果突然让猫咪从空调的房间冲入炎炎烈日下，也会让猫咪们患上“空调病”。

9~10月 留心呼吸系统、少贴秋膘

秋季秋高气爽，气候宜人，冷热适宜，但是，深秋昼夜温差变化大，而且猫咪们还没有从夏日的酷暑中缓过劲儿来，很容易换上呼吸系统的疾病。而异国短毛猫和波斯猫则更容易出现打喷嚏的现象，要经常帮它们擦去鼻涕，以免引发鼻炎。

同时为了迎接寒冬的来临和适应早晚气温的变化，被毛开始逐渐增厚，因而猫的食欲旺盛，此时应提高饲料的质量和增加食量，增强猫的体力。但是，过量的食欲不代表猫咪们可以消化这些东西，太多的东西可以会让你的猫咪发胖的，而冬季会让这些肥肉更结实。

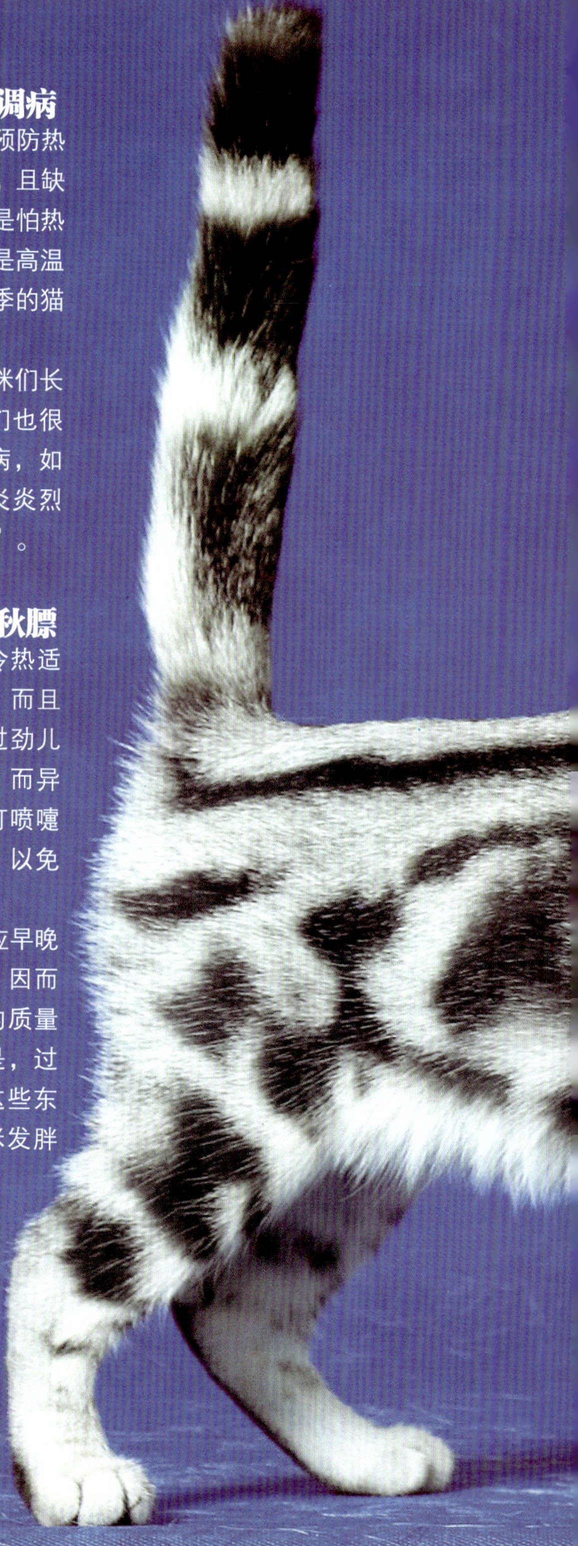

11~12月　注意保暖、预防感冒和烫伤

冬季天气寒冷，光照时间短，在天晴日暖的天气，应让猫多晒太阳，特别是正在生长发育中的仔猫尤为需要。阳光中的紫外线，不仅有消毒杀菌之功，而且还能促进钙的吸收，促进骨骼生长发育，防止仔猫发生佝偻病。

冬季还应注意室内保温，如果是用火炉取暖时，要注意防止煤气中毒和火的烧伤。另外，寒冬时节，室内外温差大，如果猫突然受到冷空气的刺激，易发生感冒，严重的可继发呼吸道疾病。另外，温暖的火焰和电热毯往往也会吸引猫咪，尽量让猫咪远离可能产生高温和危险的地方，防止不知情的猫咪烫伤。

Q 短毛猫脱的毛会不会也少一点呢？

A：实际上，科尼斯卷毛猫是猫种中短毛最少的。而美国短毛猫掉的毛并不比长毛猫少。不管是什么品种的猫，除非是加拿大无毛猫，否则，它们同样要经过令人烦恼的掉毛期，只有主人们勤于梳理才能减少掉毛的带来的麻烦。如果，注意，换毛期最好帮猫儿们准备好吐毛球膏，帮助它们排出因为舔毛而吞入胃里的毛球。

威胁健康的危险信号

猫咪们虽然不会说话，但是，它们会用其他方式告诉我们，它生病了，注意观察，尽早治疗不但能尽早治疗，还能尽早减轻猫咪们的痛苦。

呕吐

看到猫咪呕吐，首先不要慌乱，吃下猫草、不易消化的食物，受到其他药物或有毒物质的刺激，都会引起猫咪呕吐，而呕吐反应往往都是猫咪自我保护的本能，主人们不要过渡担心。

但是，多次呕吐可能就是猫胃肠道疾患时最主要的症状，这可能是由于猫具有高度发达的呕吐中枢而造成的。许多猫的呕吐都是由胃肠道疾患引起的，但并非所有猫都如此。通常来说，只要具有呕吐的症状就可以确诊为急性呕吐，采取支持疗法即可；而对慢性呕吐必须运用特殊的诊断方法加以诊断以后才能选择适当的疗法。

猫呕吐的原因：

日粮欠妥当或吃得过饱、食入草或室内植物、食入毛球、慢性胃炎、炎性肠病、胰腺炎(慢性)、腹膜炎、肝脏疾病、肠阻塞等。

腹泻

如果发现猫咪拖着臀部离开猫砂盆，就应该立即检查它们的排便情况，因为它们很有可能拉肚子了。检查猫咪的体温，如果体温正常，而且禁食以后、拉肚子的情况持续1到3次后就停止了，就不必太担心，只要在此后两天里，给它们提供容易消化的食物即可。

如果猫咪的便便中参杂着异物或血块，粪不成形或稀薄或水样，特别酸臭难闻，或夹食物残渣或混有泡沫，或呈淡黄色或呈其他颜色的话，就不容乐观了。

引起腹泻的疾病：

喂食过量或吃进难于消化的食物，胃肠未能消化、吸收，肠道有蛔虫、绦虫、鞭毛虫、球虫等，或者身患肿瘤、嗜酸性细胞瘤、肝炎、胰腺炎等

便秘

便秘的猫咪会烦躁地在猫砂盆中做出排便的动作，却没有任何收获。这种情况大多数是

腹泻的家庭调养

兽医将建议您选用易消化而且纤维含量低的食品来减轻腹泻症状。

第一步：禁食1~2天。

第二步：如果兽医已建议可以停止禁食了，则让您的猫猫逐渐恢复到正常进食水平。

第三步：少量多餐(一天3至6次)。

第四步：选用易消化、低纤维的食品。

第五步：免用含乳糖、蔗糖、或谷物副产品，如含麦麸和糠的宠物食品。

第六步：不要给猫咪喂零食和剩饭。

因为压力过大、肠胃机能不调或者结肠疾病引起的。严重的时候，在腹部可触及到结肠内或直肠内有串状干硬结粪块。轻度便秘，可以在饮食中适量添加油脂，可以有效缓解症状。严重的，就要马上请医生帮忙了，严重的便秘还很可能危机猫咪的生命。

引起便秘的疾病：

饲料单一，饮水不足，运动量小等均为原发性病因。继发性便秘则见干肠内结石或粪石，肠道变位，肠内积聚大量不易消化的骨头、塑料、绳索和大量绦虫等寄生虫等。

食欲不振

即使是健康的猫，食欲多少也会有些变化。一般猫的食欲变化主要表现为食欲不振，不怎么吃饭。猫偶尔一两次不吃饭，不必太过紧张地就往医院送。很多原因都会导致食欲下降，比如餐具脏了、某种食物吃腻了、附近有只狗让它感到不安、因发情或生产而没有食欲、由于旅行或搬迁造成生活环境的变化等等，这些情况下，健康的猫也往往会不吃饭的。

如果猫没有食欲的时间在一定时间内并且没有其他异常表现，就不必担心了。但如果食欲不振伴随着腹泻、呕吐和昏睡不醒的现象，就需要立即和医生联系了。

引起食欲不振的原因：

猫咪可能患了肺、胃、肠、肝脏、肾等内脏疾病，另外还有可能是牙病、口内溃疡等口腔疾病。

频频上厕所

猫咪虽然去了好几次厕所，却没有小便流出，或常常去砂盆处做出排尿的姿势，这时很可能是泌尿系统出了毛病，特别是泌尿道结石，这是猫咪最易患的疾病，特别是公猫，由于尿道狭窄，更易患此类疾病。

引起频繁小便的疾病：

泌尿疾病，甚至可能是尿毒症。

口臭

健康猫咪呼吸是没有异味的，不过猫咪吃食后呼出食物气味是正常的。

但是，如果猫牙齿很脏，那原因是牙垢。如果猫流口水或者有口腔溃疡，可能是口腔感染或齿龈疾病，换牙时的猫要特别注意这种情况，已变色的旧牙不能自动脱落时也会产生口臭，需要拔掉旧牙。经常给猫喂软性食物和罐头食品容易导致龋齿，这些食品在猫的牙齿周围，产生牙垢，又会导致牙龈炎，如果细菌进入齿槽就会引起牙周病。最后可能导致牙齿松动，牙神经坏死，这时就必须拔牙了。

引起口臭的疾病：

口腔感染、龋齿、溃疡、消化不良、维生素B缺乏症。

发热

猫一旦生病，大多数情况下都会发烧。猫的正常体温保持在38~39摄氏度。 但是，如果猫发烧时，连平时很凉的尾巴尖和耳朵都会发热，这时即使不量体温，也能看出它发烧了。如果温度不是很高而且没有其他症状，可以让猫咪在较凉爽的地方静卧休息。

给猫量出的体温如果超过40摄氏度，或者持续低烧，而且伴有打喷嚏、拉稀、精神不振等症状，就很可能不是单纯的感冒，需要立即送医院。

引起发热的疾病：

这有可能是因为猫的免疫力不健全而导致的细菌感染，或者是弓浆虫等传染病。

皮肤搔痒

首先，我们要注意观察猫咪搔痒的部位，如果猫咪不断地抓挠耳朵，就很可能是患上了耳螨。如果轻轻翻看猫咪的耳朵，能够看到明显的黑色污垢，就可以确定就是耳螨了，需要尽早找医生治疗。如果猫咪搔痒的是身体的其他部位，则很可能是患上了其他皮肤疾病，或者染上的寄生虫，需要及早治疗，有很多寄生虫还是很有可能传染给主人哟。

引起皮肤搔痒的疾病：

耳螨、猫癣、感染其他寄生虫。

打喷嚏

引起猫咪打喷嚏和流鼻涕的原因很多。但是，如果猫咪喷嚏不断，流出的鼻涕甚至阻塞了猫咪的鼻孔，并有浓稠的眼屎一并产生时，很可能是患上了传染性鼻炎，要尽早找医生治疗。

大量脱毛

猫咪突然大量的掉毛，有时候甚至秃了一块，有可能是精神问题。猫咪如果感到压力太大、没有安全感时，就很可能出现异常的梳毛行为，它们会不断地梳理自己的毛发，有些小家伙甚至用嘴把自己的毛拔下来。遇到这种情况，我们需要找出猫咪压力过大的原因，多花些时间照顾和关爱它们。

另外，一些真菌和寄生虫也会造成猫咪大面积掉毛。

Q 我家的美国短毛猫掉毛特别多，短毛猫掉这么多毛会不会是生病了？

A：美国短毛虽然是短毛猫，但是，因为被毛的质地致密，因此，在换毛期也会脱落很多的毛发，但是如果猫咪大量脱毛并有消瘦，精神萎靡的现象，就需要去医院检查了。

猫咪腹泻自检表

总是拉稀，量多，无臭味	↔	是可能是消化不良，可以禁食1~2天。
↕ 否		
便中带虫	↔ 是	咨询兽医，买驱虫药为猫咪驱虫，推荐妙巴，安全有效。
↕ 否		
腹泻，有呕吐现象，无精神、无食欲	↔	是可能是传染病，应立即送医院。
↕ 否		
腹泻，便呈泥状	↔ 是	如果整天均为泥状便，应送医院检查。
↕ 否		
便呈水状	↔ 是	很容易脱水，可以提起猫后背的皮看恢复时间，恢复慢即脱水,送医院急救。
↕ 否		
便中带血	↔ 是	可能是大肠炎，送医院治疗。
↕ 否		
便呈黑色焦泥状	↔ 是	可能是胃或十二指肠出血，应立即送医院。

常见疾病的预防和治疗

体外寄生虫

耳螨

症状：在猫的耳朵里面能看到棕黑色的污垢，有的呈油状，还有的干干的呈片状。猫常常用后腿抓耳朵解痒。在显微镜下观察可以清楚地看到耳螨。如果母猫有耳螨，那么她的孩子肯定生下来就会有。耳螨传染得很快，幼猫因为抵抗力弱，生活在群体当中的幼猫患耳螨的可能性比成年猫要大。

治疗：最简单有效的方法就是使用人用的消炎耳药水。用棉花棒蘸着耳药水小心地为猫擦拭外耳道，清理里面的污垢，如果耳螨严重，两三天就要清理一次。坚持一个月左右一般就会见效。还可用专用的滴耳油，效果也不错。

跳蚤

症状：在猫的后背毛、大腿根部和脖子下面可发现黑色的小颗粒，或呈卷曲状，这就是跳蚤的便便了。严重的时候身上有被跳蚤咬过留下的小红包包。跳蚤比较难治的原因，就是除掉成虫之后虫卵比较难解决，而且跳蚤会从一只猫传到另一只猫，严重时还会传染给人。但是人身上没有跳蚤可以寄生的长毛，除了头发之外。

治疗：

除蚤圈：有一定的毒性，如果被猫咪舔到就有中毒的可能，所以不适合幼猫和怀孕的猫、群养的猫。而且除蚤圈不会把跳蚤杀死，只会把跳蚤赶下去，所以跳蚤会跳到别的猫身上继续活着。

除蚤浴液：能把部分成虫杀死，但是对虫卵没有效果。而频繁的洗澡对猫的皮肤和毛也没有好处，会破坏猫的皮脂腺分泌。

福来恩系列产品：幼猫和怀孕猫也可使用。其除虫机理是：将药物滴在猫的皮肤上，待药渗入皮下之后，跳蚤再咬猫的时候就会中毒而死。因为药效持续时间很长，所以虫卵变成成虫后再咬猫，一样可以被杀死。

Q 医生发现我家的美国短毛猫身上有跳蚤了，我们经常给它梳毛，它也很少出门，怎么会这样呢？

A：由于美国短毛猫的被毛较密，因此梳理的时候一定要由毛发的根部开始，才能彻底的去除毛发中的寄生虫，如果是跳蚤，在梳理时还要不断用胶带粘去梳子上的寄生虫，或者用去寄生虫的药剂喷洒。要知道，即使猫咪很少出门，它们也很可能从别的渠道感染寄生虫，比如脏乱的房间或者你外出时的衣物，甚至是你家养的小狗。

Q 我家的科尼斯卷毛得猫癣了，现在变得很难看，我们都很着急，现在它正在接受治疗，请问它大概多长时间才能恢复原来的样子呢？

A：有兽医指出，猫癣即使不加以治疗，也可能不治而愈，不过可能要花费一到四年时间。如果接受相应的治疗，而且没有继续感染的途径，它们大概要四个月就能痊愈了，但是，想要猫咪恢复到原来的样子，还要根据病情耐心地等一阵子。

皮肤病

猫癣

猫癣是猫皮肤真菌病的总称，具体的种类很多，常见的就10多种，表现也不尽相同的，还有就算相同的病原体，长在不同的猫身上，由于猫皮肤的抵抗力，油性，毛发等等的不同，表现也不回完全一样的不过癣的症状也有相同的地方

1. 掉毛，局部掉毛，掉的比较光，基本上是一块一块的没毛，所以全身均匀掉毛有没有其他问题的一般不是真菌。真菌最多发的地方有眉毛（所在的地方），头顶，胸，腋下，尾，指甲上面。

2. 痒，毛一般有挠，蹭，舔的表现。

3. 一般有比较多的皮屑或黄色渗出物（大多时候这些渗出物干了后形成痂一样的东西）

4. 一般的钱癣在脱毛的地方有一圈红的表现（就是没毛的边界很红，中间倒不红）象火山口。

癣是传染性的皮肤病，猫之间接触或者环境的接触都可以传染，传染性还是很强的真菌都是通过孢子传播的，孢子很轻，可以随空气传播道各处，而且生命力很强。在猫皮肤抵抗力强的情况下不发病，一旦皮肤抵抗力弱了就会发病。

皮肤好首先药均衡的营养，皮肤需要的是一些很偏的营养，有维生素类（烟酸等）微量元素（Zn等），不饱和脂肪酸，牛黄酸，一般的猫粮都能满足这些要求。尽量减少可能刺激皮肤的因素，比如说过多的洗澡，也是好办法，因为皮肤在受到长期慢性的刺激的情况下抵抗力就降低了。

TIPS

猫咪有皮肤病的症状：

用后脚抓挠身体。
在地板、地毯等处蹭来蹭去。
隔一会儿就摇几下头。
总是舔身体某个地方。
毛变薄。
有疙瘩。
皮肤红肿。身体某部位肮脏皮肤的地方多。

关于猫的牙齿

猫出生2~3周开始长乳齿，出生六周后会全部长齐。 乳齿全部共26颗，在出生后三个月左右开始换牙，差不多到第六个月时会完全换成永久齿。上排永久齿有16颗，下排有14颗，共计30颗。猫到了要换牙时，脱落的牙齿有时会掉在室内，不了解猫猫会换牙的主人，一定会以为猫咪生病了牙齿才会脱落，其实这是正常现象，完全不需要担心。

猫咪下泌尿道疾病

猫的下泌尿道疾病在临床是多发病，临床常见主要分两种：

一种是结石，另一种是膀胱尿道炎。

如何合理治疗猫咪下泌尿道疾病

1.及时就诊。如果观察到自己的猫有尿频、尿急甚至尿淋漓、尿闭的异常表现，要尽快携带爱猫到动物医院就诊，做到早发现早治疗。不要擅自给猫服用人的药物，因为猫的结石组成和消化代谢都和人不同，这些药物给猫吃下去，不仅不能治病，甚至可能致命！尤其是当猫已经发生排尿困难时，如果延误半天，都有可能并发尿毒症和急性肾衰竭，危及生命！

2.做好各项化验和检查。此时要做的检查有：尿液检查、血液检查、X光片检查和生化检查等。大夫会根据猫咪的具体情况选择需要的检查项目，全面评估猫的体况。在必要时患猫还需要麻醉以便进行导尿等处理。

3.严格遵医嘱进行护理：

(1)坚持使用抗生素：一般情况下，需要使用1~3周的抗生素。控制细菌感染对于本病来说非常重要。

(2)避免猫咪舔舐尿道口。如果您的猫被留置了导尿管，或者猫因为尿道炎而不断的舔咬尿道口，那么一定要为猫佩戴好大小合适的伊丽莎白项圈。

(3)饮食管理。因为猫下泌尿道疾病的复发率很高，必须进行饮食控制，建议给患病的猫咪饲喂泌尿道处方食品。如，法国皇家猫泌尿道处方食品（LP34）。一般使用时间为3~6个月，这样才能把疾病的复发率减至最低。

与一般的成品猫粮不同，处方食品是根据动物生病时的特定营养需求而特别配置的专用营养食品。以法国皇家泌尿道处方食品LP34为例，它采用世界最先进的RSS结石控制理论，做到了一种食物可同时预防两种猫咪常见结石的复发，同时对细菌性膀胱炎也有很好的辅助治疗作用。

此外，在使用时一定注意用处方食品完全代替原有的日粮，不可掺杂其他任何食品进行饲喂，否则会破坏处方食品特有的营养结构，起不到预期的效果！

牙结石

假如发现自己的猫猫食欲逐渐减退、想吃又张不开嘴、口腔内散发异味，甚至时常流口水等牙结石的典型症状的话，那就要细心检查，看看猫咪牙齿跟牙龈的交界处是否已经有黄色的牙垢生成，以确定猫咪的健康牙齿是否正遭受牙结石的侵害。

谁更容易得牙结石？

*吃家制食品的猫

*喜欢软食（罐头、妙鲜包）的猫

*老年猫

*经常喝含有矿物质成分的饮用水的猫

让猫咪来洗牙吧！

口腔疾病是成年猫，特别是老年猫的常见病。当猫咪患有口腔疾病，多数都要通过洗牙清理牙结石后再进行治疗，所以洗牙是很多猫咪成年后都要有的经历。洗牙主要是洗掉牙龈和牙齿之间的结石，使牙龈和牙齿能够紧密地贴在一起，并阻止牙结石对牙龈的侵害。

洗牙之后应该配合消炎和局部上药的工作，这样可以很好地缓解初期牙结石的

问题，如果结石严重，已经导致了猫咪牙齿松动和损坏，那么在这个过程中，还要对那些坏牙和已经发生松动的牙齿做拔除处理。

对人类来说，洗牙仅仅是一项安全无痛的小小口腔护理而已，但猫咪进行洗牙时却必须实施麻醉。所以，为了猫咪的健康，平时多多注意猫咪的饮食情况，并观察它们的口腔情况，是非常必要的。

猫咪洗牙须注意：

1. 洗牙现在一般都是超声波震动洗牙机，靠震动粉碎牙石，同时还会喷水降温清洗，所以洗牙的时候要保持头部低于身体，避免水被吸入肺部造成异物性肺炎。

2. 洗牙的时候不要对坏牙做太多的姑息，有必要一定拔除。

3. 洗牙后要做必要的治疗，以巩固洗牙的效果。

4. 洗牙后最好24小时不吃东西，以利于牙龈恢复。

5. 由于洗牙的猫多是老年猫，所以麻醉前注意心脏等各方面的检查，最好在吃喝精神都很好的时候进行，并观察麻醉后的恢复情况，以决定下次的麻醉。

6. 震动对牙齿的损伤很小，但洗牙惟一的禁忌，有个别的猫天生牙釉质异常，比如釉质发黄、釉质环状脱落、釉质斑状脱落，这些是猫先天的一些釉质发育问题，这种情况洗牙对釉质的损伤很大，尽量不要洗牙。

预防结石或洗牙后要如何喂养猫咪呢？

1. 关于饮食

猫咪的饮食结构是牙石形成的重要影响因素，对于还没有得结石的猫咪，一定要坚持给它吃干猫粮，这样可以有效预防结石的生成。而那些曾经因为牙结石原因接受过治疗的猫咪，因为清洗手术会造成牙齿表面粗糙，如果再继续饲喂软性食物，就更容易很快促使牙结石生成，更要以干粮作为主意的食物。

皇家的去牙结石猫粮，专门为有结石的猫咪设计，适合洗牙后的猫及想预防

牙结石的猫咪。小编建议有结石病史的猫可以用它当主要的粮食，而想预防的猫咪可以在日常的猫粮中掺入一些牙结石猫粮。

如果猫咪的口气不清新，还可以在饮水中加入一些有利于改良口气的宠物专用的饮品。

2. 关于刷牙

主人可以用一小片裁下的的毛巾或纱布缠在手中，然后深入它的口中，以牙龈为界，像你自己在刷牙一样，每日为之这样大约1~2周以后，它就会习惯人帮它刷牙，然后就可以改用软毛刷伸入口腔来帮它刷牙，但有的猫会拒绝这样的处理，你不妨在牙刷上涂些营养膏，它们会比较愿意接受刷牙，不会抗拒。

等到它们都习惯刷牙时，你就可以使用些许猫用牙膏了，但提醒您千万别用人的牙膏，因为这东西不适用于猫，猫咪可不会把牙膏泡沫吐出来，而吞下去既伤胃又发泡，甚至引起它们呕吐。

刷牙时要保证每颗牙齿都应确实刷

到，并且刷毛与牙面成45度来回刷最好，尤其是牙龈与牙齿间隙的地方更应清干净，口臭感染大部分都从这里开始。

最好能每天或至少隔3天给它刷一次牙，但也不要太用力或一天刷好几次，以避免造成牙龈的伤害。

可怕的传染疾病

猫瘟（泛白细胞减少症）

发烧、呕吐、腹泻、脱水

猫瘟又称猫泛白细胞减少症，以白细胞急剧减少为主要特征。疫苗接种不全或未接种的猫容易得猫瘟，尤以3-5月龄的幼猫最多。母猫如果在怀孕期感染，会造成死胎、流产和初生小猫出现神经症状，传染途径是接触带病毒的尿粪或经吸血昆虫及蚤类。

症状：临床症状有发高烧、精神不佳、不吃，呕吐则是最主要的症状；下痢较少发生，但也可能出现于病程晚期，脱水及继发细菌感染常是造成猝死的原因。其它并发症包括口腔溃烂、血痢、黄疸、及广泛性血管内凝血症候群。除此之外细胞检验结果出现显著的白细胞数量减少，，再生不良贫血则是另一重要血球相病变。病程超过5-7天且无致命性并发症发生，往往能复原；白血球数目在耐超过病程24-48小时内会恢复正常。

治疗：主要以非经胃道给予输液以补充电解质及营养并矫正脱水，改善呕吐症状和投予广谱抗生素预防二次细菌感染为重点，如发生严重贫血时，应考虑给予全血或血浆输血治疗。 当然预防总是优于治疗，所以事先给予疫苗注射以保护爱猫才是最佳办法。

预防:定期注射疫苗

猫病毒性鼻气管炎

（猫流行性感冒）

发烧、打喷嚏、精神不佳、咳嗽、结膜炎

猫感染泡疹病毒引发死亡率及传染率皆高的致命恶疾。主要侵害鼻黏膜，气管及结合膜等器官。 基本上，任何年龄的猫都会感染本病；但以幼猫受害最

大！六月龄以下的猫较易受侵害，其中以6~12周的幼猫死亡率最高。本病传染途径分直接及间接接触两种方式；由于本病仅危害猫科动物，故家中若有疑似患猫，应加以隔离且消毒环境。

症状：

打喷嚏：①开始呈现断断续续发生。②2~5天候会变成频繁且严重。眼睛及鼻分泌物：初为清澈水样，3~5天后转为脓样分泌物。发烧：感染第一天即出现，可能持续7~10天。精神不佳。咳嗽。结合膜炎：严重时，眼睛会被脓样分泌物粘合而闭起来。

流口水：严重时，舌头会溃烂。

治疗:①清除眼鼻分泌物，每天最少2~3次。②以长效性消肿剂滴入鼻腔内。③阻止自伤性眼睛损害。④针对症状，做适当给药及处置。以防止继发细菌感染。

预防:定期注射疫苗

杯状病毒感染

（猫卡利西病毒感染症）

打喷嚏、呼吸困难、肺炎

杯状病毒感染是猫病毒性上呼吸道病的一种，主要表现为上呼吸道症状，即精神沉郁，浆液性和黏液性鼻漏，结膜炎、口腔炎、气管炎和支气管炎，伴有双相热。杯状病毒感染是猫的多发病，发病率较高，但死亡率低。

症状：感染后的潜伏期为2～3天，初期发热至39.5～40.5℃。口腔溃疡是最显著的特征，口腔溃疡以舌和硬腭、腭中裂周围明显。患猫精神欠佳、打喷嚏，口腔及鼻腔分泌物增多，流涎，眼鼻分泌物开始为浆液性、4～5天后为脓性，角膜发炎、羞明。病毒毒力较强时，可发生肺炎，呼吸困难，肺部有干性或湿性罗音，3个月以下幼猫可因肺炎致死。杯状病毒感染如不继发其他病毒（传染性鼻气管炎病毒）、细菌性感染，大多数能耐过，7～10天后可恢复，往往成为带毒者。

治疗:对症治疗鼻、口腔和眼部病变；抗生素控制细菌继发感染；如有必要则静脉输液。

预防:定期注射疫苗

猫白血病

厌食、体重下降、运动失调

本病是猫所有传染病中传染性最高的一种，感染途径主要是经接触病猫的唾液、尿、粪便等分泌物；另外感染母猫也会垂直传染给胎儿。除此之外，咬伤，输血、及予病猫同居经共享厕所也会传染。幼猫对本病虽较敏感，但任何年龄、品种及性别的猫皆会感染。

症状：本病致病模式予AIDS病毒类似，均会引发免疫抑制作用，并导致肿瘤的形成及细胞病变，诸如厌食、精神差、体重下降、恶性贫血、淋巴瘤、白血病（血癌）、肾功能不全、痉挛、运动失调、眼盲、行为错乱等症状都是因免疫抑制作用而导致，但由于病症程度分歧，使诊断非常困难，必须借助血液检验来判断。

治疗：治疗以抗生素防止二次细菌感染，输液供给营养及矫正脱水，投予抗病毒药物。

预防：定期注射疫苗

意外伤害的紧急处理

准备好你的家庭急救箱

猫咪受伤一般都会很突然，这时候你除了要保持镇定，轻轻地安慰它外，还要以最快的速度帮助它们减轻痛苦，因此，准备好一个急救药箱，可以让你减少手足无措的几率，也不会让猫咪们更紧张。

1.外科急救品

碘酒、酒精：猫咪是天生的猎手，经常上蹿下跳，受伤在所难免。如果是简单的皮外伤，用碘酒和酒精消消毒就可以了。

绷带、药棉、棉花棒、胶布、镊子、体温计等。

2.消化道用药

吐毛球膏：会很快让猫咪自己吐出毛团，效果十分明显。

狗尾草：如果要是觉得吐毛球膏的价格太高，用狗尾草也可以。喂给猫咪吃点狗尾草，会令猫咪吐出毛团，不用花一分钱。但是一定要清洗干净啊。

植物油：让猫咪吐毛团还有一种方法，用注射器往猫咪嘴里注射一些植物油，也挺有效的。

3. 特殊用药

福来恩喷剂、滴剂：经常外出的猫咪体外容易感染寄生虫，如虱子、跳蚤等。使用这种防治体外寄生虫的洗液，猫咪就可以安全出门了。

洗耳液：如果猫咪经常抓耳朵，那它一定是得了耳病，有可能是耳螨，如果不及时治疗会导致内耳道炎及脑膜炎，所以要及时用洗耳液清洗耳螨。

出血

如果猫被割伤后流血，而伤口不太深，你可以自己处理。用湿棉布将伤口

洗净，剪去纠结在一起的毛，涂上性质温和的杀菌剂（如3%的双氧水）。如果猫出血严重，采取以下方法止血。要是血流不止，则赶快带猫看兽医。

1.将纱布在凉水中浸湿后盖住伤口，轻按。

2.若血流不止，用绷带包住纱布，然后在上面再加一块纱布。

3.为保险起见，可在第二层纱布上再包一条绷带，扎紧。

中毒

猫吞食有毒物质后通常会呕吐，不过有时会把毒素消化掉。如果你的猫有中毒迹象，则需马上采取措施。若猫的皮毛染上毒素，它可能会试着舔掉，结果是把毒素吃下去。这时宜用稀释后的浴液将皮毛上的有毒物质洗去。如果不起作用，则将猫咪连同毒素的样品带去看兽医，不要想办法让猫呕吐。

老鼠药， 焦躁、腹部疼痛、呕吐、流血、腹泻、可能致命 看兽医，使用解毒剂。

防冻剂， 身体失去协调机能、呕吐、痉挛后休克，注射可阻止药效。

酒精， 萎靡、呕吐、晕倒、失水、休克，可能致命，需看兽医。

止痛药， 失去平衡、呕吐、若吞食了醋氨粉则牙龈变蓝。

消毒剂、清洁剂， 严重呕吐、腹泻、紧张、步履蹒跚、休克。

杀虫剂， 肌肉扭曲、流涎、痉挛、休克，看兽医，无具体解毒剂。

骨折

猫咪如果突然摔伤而导致行动异常，主人很难判断到底是撞伤、骨折，还是脱臼，所以最好别让猫乱动，带它去医院检查。如果是腿，就用缠有纱布的筷子当夹板，然后拿绷带或布带固定住。如果腿上有伤，或骨头突出时，最好是轻轻抱着送医院。脊椎骨骨折时，先把猫用2～3根绳固定在木板上，再送往医院，注意，千万不要让绳子绕住猫咪的颈部。

烫伤

如果是猫咪的四肢烫伤，应该用毛巾将猫咪裹住，防止它们因疼痛而挣扎，然后用冷水冲洗患处让伤后降温，不要随便给猫咪涂上任何软膏。正确的方法应该是等伤口稍冷却，猫咪也没有那么紧张的时候，用纱布包扎患部，然后尽快送到医院治疗。

溺水

猫虽然很讨厌水，但会狗刨式游泳。但因为大多数的猫咪的毛发没有防水的功能，太长时间在水里运动并不是它们的强项。

如果猫咪呛了水，我们可以两手抓住后腿，倒过来15～20秒钟，上下晃动3～4次，把肺里的水倒出来。呼吸很弱时，让猫伸着脖子横躺，配合呼吸把舌头拉进拉处。必要时进行人工呼吸和心脏按摩。

触电

调皮的猫咪如果把电线当成玩具，很可能因为电击而早场心跳停止，嘴部灼伤的情况，如果发现猫咪触电，要立即切断电源，然后才能接触猫咪的身体。

这时先别动猫，检查猫咪的呼吸和心跳。呼吸和心脏跳动停止了的话，立刻作人工呼吸和心脏按摩。呼吸急促，脉搏跳动很快，处于受惊下的状态时，让猫横卧，嘴张开，把舌头拉出来，以利于呼吸。一边和兽医取得联系，一边火速送医院。

窒息

猫咪的喉咙在被异物卡住时，会造成窒息，窒息的猫咪会表情痛苦，甚至舌头发蓝。这个时候我们要尽快去除异物。如果猫咪疼得胡乱挣扎时，可以用毛毯把猫裹住，一只手按住头，让它张开嘴，把拇指和食指伸到犬齿后面。小心的把舌头拉出，一旦发现异物，用手指或镊子取出。如果这样还不行的话，倒抓住猫，使劲儿摇晃，或是拍打其背部。如果还不行，就赶紧送医院。

痉挛

很多并都会引起痉挛，但痉挛本身很少会致命，所以不要因为痉挛而使猫受伤。猫咪发病时，放在一个碰不着家具和墙壁的地方，全身用毛巾包起来，静等痉挛停止。这时千万不要把手指或其他东西放进猫的嘴里，等猫安静下来以后，和兽医联系，听取兽医的意见。痉挛反复或持续发作超过10分钟时，马上送到医院进行治疗。

给猫咪做人工呼吸

人工呼吸时，首先将猫咪的头颈部伸直并且闭上它们的嘴，操作者深吸一口气后将口贴 住病患的鼻孔用力吹气，迫使空气经由鼻腔进入胸腔，观察到胸腔的膨胀后将口移开，让胸 腔恢复到原来的位置，如此每分钟重复12 次(也就是每5秒一次)，直到猫咪恢复呼吸或有专业人员来接手为止。

Q 我家的美国短毛猫很淘气，不小心身上沾上油漆了，怎么才能去除啊？

A： 身上沾了油漆、煤焦油等有害物质时，先要防止猫舔时以免中毒，如果猫咪已经出现中毒的症状，要立即送往医院。

如果刚刚沾上，要迅速抹上香波或肥皂，用温水洗净，洗不掉时，也千万不要攻工业汽油和稀释液清洗。实在去不掉时，就把脏的地方的毛剃掉，这样比较安全。对蟑螂屋里的强力粘胶，用沙拉油去除会非常有效。

猫咪的病后护理

病后饮食

病猫通常由兽医指定特殊的饮食，与平常的食物有所不同。猫的主人会为猫没有胃口而担心，但温柔的哄劝通常能鼓励猫吃东西。尽量每天给您的猫喂几次食，少吃多餐，温度以接近体温为宜。如果猫非常虚弱，仍然不愿意进食，则可试用注射器，不过这是最后的选择。如果你的猫不愿吃液态或固态食物，可尝试使用勺子，按住猫的头部，每次喂进几滴。

怎样喂猫咪吃药

药剂一般都分为片剂、膏剂、水剂，几种，但是，无论是喂什么样的药，都要给猫咪创造一种宽松自然的气氛，不要让它们觉得吃药是很恐怖和紧张的事。最好使猫采取站着的姿势，也就是四肢都着地，如果它背部、屁股着地，就有可能解放手甚至是脚来对付你。你可以先轻抚猫咪的颈背部皮毛（因为后面喂药的时候要用一只手抓住颈部皮毛固定），轻声和它说话或叫它的名字，让它放松。

1.片剂

(1)右手拇指与食指捏住药片。

(2)左手从抚摸颈部迅速过渡到紧抓猫咪颈部比较松弛的皮毛。

(3)左手把猫咪头部微仰起大概成45度角，用右手中指刺激、抠开猫的下颌并抵住使之不能闭合。

(4)迅速把拇指和食指捏着的药片放入猫咪嘴中，放的位置越靠近嗓子眼、舌根部越好，这样他不方便用舌头把药顶出来。

(5)迅速用手闭合猫咪的上下颌稍加固定，让它没有机会吐出或摇头甩出药片。不要立即松手，等待片刻，慢慢松开确定药确实咽下就可以了。

鼻炎猫猫照顾宝典

除了遵循兽医给猫咪开出的药单按时吃药外，主人还能作很多细节的照顾，让猫猫在罹病期间生活轻松一点！

来顿热食：鼻子不通气的宝宝食欲一定受到影响，为了让它们多吃点东西，主人不妨把食物加热。热食不但可以刺激嗅觉，热食散发的蒸汽对猫鼻内黏膜也有润湿的作用，会让猫猫更舒服。不管是微波加热食物还是在食物中掺入热水都要注意，不要让热食烫到猫猫的舌头！

给点好吃的：有好的体力才有好的抵抗力，在猫咪生病时，给点好吃的补充点营养也是主人的细心表现，每只猫咪各有喜好，给它点平时最爱吃的东西吧，让它在生病的日子里感受主人更多的爱！

擦拭鼻子：猫猫得了鼻炎，鼻腔和鼻孔经常被很多黏液遮掩，猫猫会因为鼻塞感到呼吸困难，主人最好能经常用毛巾将阻塞住鼻孔的分泌物擦拭干净。

点鼻液：主人可以请医生开一些有治疗效果的猫用滴鼻液，如果症状不很严重滴一些生理盐水也是不错的选择。在猫猫每个鼻孔滴几滴，能稀释鼻腔内分泌物的浓度，减少对鼻子的刺激。

来点蒸汽：提高空气湿度，可防止黏膜过渡干燥，同时也能减缓猫咪遭受鼻塞的困扰，打开空气加湿器是最简单有效的方法，同时，主人洗澡时把猫猫也带到浴室中也是一个不错的方法，不过要把握好时间，3～5分钟的蒸汽浴就可以了，以免太久猫咪会感到不舒服！

温柔对待：得鼻炎的猫猫皮肤会变得更加敏感，所以日常的梳理主人要作得更加轻柔，为它擦拭鼻子时动作也要注意，以免过大的刺激让猫猫想从主人身边逃跑！

2.水剂

流体的药物都可以用这种办法喂。固定方法同上。右手持一个去掉针头的注射器，从猫咪的嘴角（也就是后面槽牙的空隙）处把药水注入。

★注意：

(1)如果是味道不太难喝的药水或者是水（有的病需要大量增加饮水，比如尿道炎、尿结石），可以缓缓给药，猫咪嘴里有了液体也许会反射性的吞咽，这样不容易呛到。

(2)如果是比较难喝的东西，猫咪抵触很激烈，就要把药分成几次喂，每一次控制在猫一口能咽下的量，大概也就是1毫升左右。喂的时候要一次快速打入嘴里，这时就要注意不要直对嗓子眼打了，很容易呛到。

3.膏状

固定方法、喂药步骤基本同药片的喂法。把药膏挤在右手食指上。还有一种简单的方法就是把药膏抹在猫的口鼻处，它不得已也只能自己舔进肚了。

做了绝育手术后的护理

从术后到苏醒

这个阶段大概有3~5个小时。依据猫猫的身体素质，身体好的猫猫苏醒较快。有的猫猫术后一个小时就醒了，而有的则睡了足足一天。在猫猫昏睡的时候，我们可以做的：

1.将放猫猫的箱子安置在安静、温暖的地方，避免阳光照射。守护在一旁，不要离开。

2.不停的滴眼药水，用药棉将流出来的眼药水擦干净。

3.注意观察猫猫的呼吸、脉搏、体温。一旦发生严重异常，及时与兽医院取得联系。（猫猫的脉搏：160~240次/分;体温：38~39℃; 呼吸：20~30次/分）

4.注意保温，如果是低温季节，可给猫猫的箱子里放一个暖水袋。注意保持室内通风和干燥，但一定避免有风直接吹到猫猫。

猫咪刚刚醒来

有的猫猫一旦醒过来就会摇摇晃晃的到处乱走，这时候麻药药力还没有完全散尽，猫猫意识不清醒，一定严密看护，避免磕碰受伤和猫猫用蛮力蹦跳，特别是母猫，有可能会导致腹内结扎线脱落，大出血。

还有些猫猫会一时醒一时昏睡的持续一段时间，只要体温、脉搏和呼吸正常，就没什么问题。

公猫会在苏醒后排一次小便，量很大，而且因为麻药的作用，它往往迷迷糊糊的选择平时不会小便的地方去解决问题，比如床上或衣柜里，这时尽量不要采取恫吓等方式阻止他，最好防患及疏导。一些猫猫的小便会带血，染色桔红，应属正常，密切观察其后反应。

母猫会在苏醒后不久即对术后包扎的纱布服产生抵触，舔咬撕扯。可以用小剪刀将严重阻碍猫猫行动的部分稍稍剪开一点，缓解猫猫的不适感。可以考虑给猫猫佩带依丽莎白项圈，但对于脾气暴躁骄纵成性的猫猫，这个办法并不可取，应该尽量保持猫猫术后心情平静。也可以考虑给猫猫做棉布手术服，以保护刀口。手术服要透气，舒适，以免刀

Q我家的柯尼斯卷毛猫自从做了绝育后，肚子上的肉越来越多，甚至垂下来一块，会不会出了什么问题呢？

A：别担心，绝育后的猫多少都会有些发胖，如果绝育后吃得多的小家伙就会更明显。科尼斯卷毛猫的腹部之所以这么明显和它们的体型有关，它们的短毛和纤细的四肢会让肚子更明显。但是，如果猫的肚子忽然变大，而且有精神和食欲不振的情况发生，就需要去看医生了。

口发炎。

对于术后母猫而言，最重要的就是保证其刀口在拆线之前没有感染、破损等意外发生。一定不要擅自除去医院对猫猫的原始包扎，可将自制手术服套在外面加以保护。

由于母猫手术所要摘除的卵巢、输卵管与肾脏等器官纠结在一起，一旦手术有任何闪失，将造成猫猫无法排尿，后果不堪设想。所以，当你的猫猫可以小便之后，你尽可以松一口气了。

术后饮食

建议自宠物医院购买配方猫罐头，在猫猫术后饲喂2天，再慢慢换回普通猫罐头和猫粮。原因：

1.术后专用配方罐头内有抗生素成分，可以预防术后感染。如果看护得当，猫猫及不容易感染的。大量使用抗生素除干扰猫猫自身免疫以外，更会影响猫猫的肾脏功能，留下隐患。

2.特别为术后食欲不振的猫猫设计，可以刺激食欲。因为麻药副作用影响，加上猫猫术后身体虚弱，一定会严重影响到猫猫的食欲。诱导猫猫进食，一次量不要多，仅够两口吃完的就好。必要时可加热至体温。

3.营养均衡，不会导致便秘或腹泻。对于术后的猫猫，特别是母猫，便秘一定要避免，猫猫在用力的时候很容易造成腹内结扎线脱落。

带猫咪去拆线

公猫手术属于体外小手术，不需要缝针，术后2天基本恢复正常，不存在拆线问题。

母猫拆线在术后至少7天（7~10天）。最好去医院拆线，一并让医生检查刀口愈合情况。